やさしいネイチャーウォッチング

自然を守り育てる仲間づくり

村上宣雄

サンライズ出版

はじめに

私は若い頃より、滋賀県内の自然環境保全活動に関わってきました。代表的なものは、滋賀県内の植生調査の取り組みであり、滋賀県全体の植生の概要を明らかにしてきたことです。当然多くの仲間の力によってできたことです。

県の生物環境アドバイザーとしても最初から携わり、数多くの事業に関わってきました。各市町村からの生き物調査の依頼や、学校からの自然観察やビオトープの維持管理の依頼にはできる限り対応する姿勢を取ってきました。当然私自身の学びの場も多く、充実した日々であったと思っています。

長浜市のタウン雑誌『長浜み〜な』から原稿執筆依頼があり、「やさしいネイチャーウォッチング」のタイトルでシリーズを書くことにしてからすでに80回近い執筆となりました。原稿締め切りが近づくと、その時に一番タイムリーなテーマを決めて書いてきました。そのために、過去に一度書いた内容を再度掘り下げて書いた原稿もいくつかあります。

今回これらの原稿をテーマ別に並べなおして約30テーマに絞って整理したので、読みやすくなったかと思います。

読者の皆様は、読みたいところを読んでいただき、何か得るところがあれば私としてはうれしいことです。

「見えていなかった世界が見えてくる」と感じていただければこれ以上にうれしいことはありません。この本が、環境保全に関心のある方に少しでも役立てば幸いです。

この本の発刊に際しては、サンライズの岩根治美さん、山下恵子さんには、編集作業で格別のお世話になり、厚くお礼申し上げます。また、長浜み～なの小西光代様には、毎回原稿の校正等に尽力いただきありがとうございました。

村上宣雄

2019年12月

目次

第3章　生きものを守る

第4章　生きものが危ない

第5章　余呉湖

第6章　食べる楽しみ

第7章　鳥と私たちの関係

第8章　ビオトープ

終章　核のごみを考える

第1章　微生物のすごさ

不思議な「金魚鉢の世界」を作ってみよう
湖の中が見えてくる

はじめに

自然観察を長年続けている私は、あちこちの自然観察会の指導を頼まれることが多いが、最近は学校関係からの依頼が多くなってきた。２００２年度から教育指導内容が大きく変わり、総合学習の時間が設定されたからである。そのため各学校では、地域の自然や歴史の学習を核とした環境教育等の取り組みをはじめるようになった。

子どもや保護者を前に話していると、とても興味をもって耳を傾けてくれる話がある。それは「金魚鉢の世界」という自作のユニット教材で、私のとっておきの学習内容である。この教材は今から約45年前、理科の授業の中

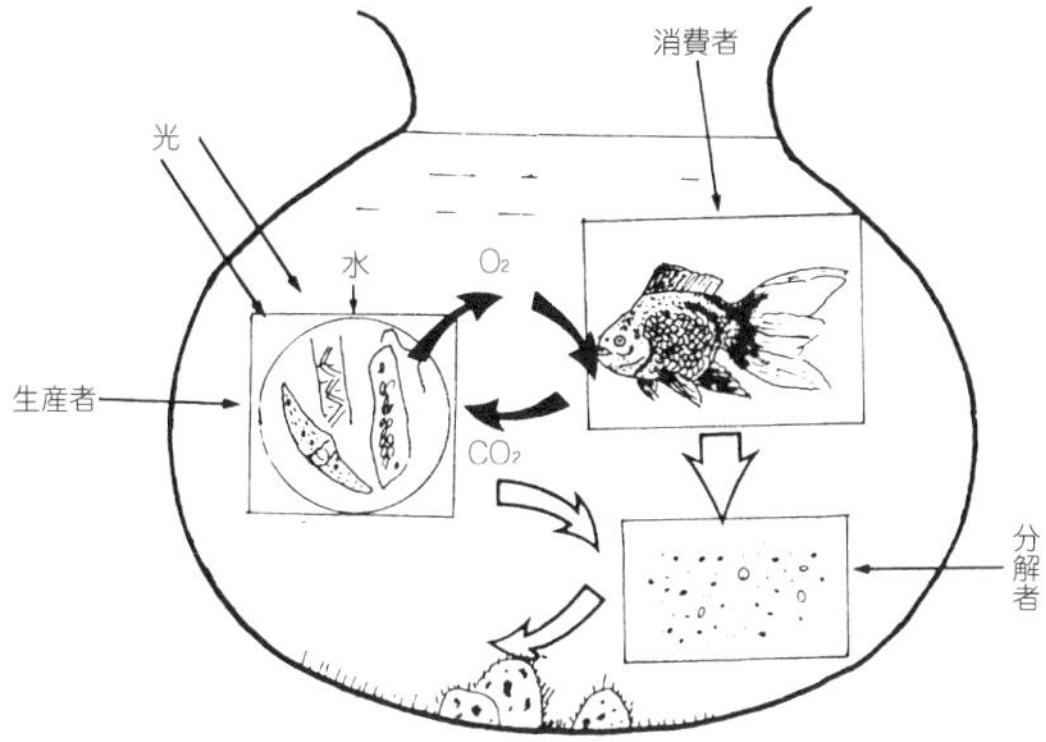

金魚鉢の世界のしくみ

で「琵琶湖学習」というカリキュラムを自主編成したときに開発したプログラムで、当時流行した「フラスコの世界」や「宇宙船・地球号」という外国の教材からヒントを得たものだ。

実際の授業は3〜4時間設定だが、何も学校でしかできないものではない。家庭で取り組んでみても、池や川、びわ湖の生きものと環境のしくみがよくわかる。

魚を飼うのにエアーポンプは要るのか

今、アクアリウムの流行も手伝って、水槽で魚を飼う人が多いが、エアーポンプやろ過装置も一緒に購入する人がほとんどだ。多くの人は、それらをセットで揃えないと魚は飼えないと思っているようだ。しかし、川や沼にエアーポンプはない。自然界では魚に必要な酸素がうまく作られているからだ。酸素を作っているのは他でもない、水草である。植物は光合成によって二酸化炭素を取り入れ、酸素を出している。

ヨシやマコモ、クロモなどの水草は、窒素、燐などの栄養分を吸収する働きがあるため、水の浄化作用に着目する傾向が強いが、それ以上に大切なことは酸素づくりという大きな働きをしていることである。そのため金魚鉢の中に水草を入れておけば、エアーポンプは要らないのである。

大川の水生生物の調査(西浅井町にて)

ポイント1　水槽には水草を入れること。光合成をさせるために、鉢は日光の入る窓の近くに置くのがよい。

えさもやらなくてよい

水槽を買うついでに、魚のえさも買うのが普通だが、よく考えてみれば、びわ湖や溜池でえさをやっている人はいない。自然界ではえさは要らないのである。多くの人は、水槽の中にはえさがないと思っているが、それは誤りなのだ。

小魚のえさは水中のプランクトンである。ならば、水槽の中にプランクトンを入れればよい。プランクトンは買うこともできるが、自然の川や池にたくさんいるので、水槽には水道水ではなく、池や川の水を使えばよい。

私が西浅井中学校で校長をしていた時、3年生を対象に近くの大川の水を使って水槽を作ったところ、1週間後、水は腐敗して失敗してしまった。原因は、このころ大川には産卵を終えたアユの死骸が大量に流れ、いつもはいない腐敗菌が爆発的に増加していたからだとわかった。水はどんな川のものでもよいわけではないという事例である。

ポイント2　水槽には、近くの池や川の美しい水を入れること。

魚の糞はどうするか

水槽が汚れてくるのは、魚などの糞が水槽の中にたまって分解できなくなったり、プランクトンが異常に増えるからである（アオコの発生に似ている）。

びわ湖では毎日大量の魚が死んでいる。たとえば秋には、産卵後に死んだ大量のアユがびわ湖に流れ下り、これをねらってサギの仲間が河口付近で待ち伏せしている。この光景は、秋の風物詩となっているほどで、このころのびわ湖はアユの死骸でいっぱいだろう。しかし湖は臭くならない。なぜだろうか。それは、自然界には、これらのアユを分解してくれる掃除屋さんがいるからだ。これがバクテリアである。

最近各家庭に「生ゴミ処理機」なるものが普及し、生ゴミをたった1日で20分の1程度に分解できるようになったが、これはバクテリアの働きを利用したものである。畑の土の中に生ゴミを埋めるのは、土中のバクテリアに分解を任せるためである。水洗便所の処理もそのしくみは同じである。この原理を金魚鉢の中に取り入れれば、掃除の必要もないし、水を交換する手間も省ける。

ではこうしたバクテリアは、どこにいるのだろう。答えは土と砂である。金魚鉢の中に土と砂を入れればよい。この場合、販売されているようなきれ

金魚鉢づくり（水槽に川の砂を入れ水草を植える生徒）

いな砂や土では効果がない。近くの川の土と砂を使うことが大切である。

ポイント3　水槽の中には、近くの河川の土や砂を入れること

1年間放置しても魚は生きつづける

私は、何回もこの金魚鉢を生徒と一緒に作ってきた。鉢は何でも良いが、海苔の空き瓶が便利である。作った直後は泥や砂が入っているので、大変にごっている。しかし3日目になると驚くほど澄み切った美しい金魚鉢に仕上がってくる。水草もきれいで、早く魚を入れたいと思うが、最初は多くの魚を入れないことが大切だ。もし十分なバクテリアがいなければ、分解できずに残ったものは腐り、鉢の水は濁ってしまう。

ここで大切なことは、魚が生き続けるためには鉢の中のいろいろな条件のバランスが保たれる必要があるということである。今までの経験では、10個作って4個成功という割合である。こうして一度バランスのとれた金魚鉢は、えさや水の世話をしなくても、魚は生き続けることができる。　この金魚鉢こそ、びわ湖や身近な池のモデルといえる。学校の池も、家庭の池もこの金魚鉢のようにすれば、何もしないで魚が飼える。

初出『み〜な60号』1999年1月

微生物のすごさを知ろう

消えていく生ゴミ

「不思議な水槽の世界」とバクテリア

えさはやらない。ろ過装置もつけない。水槽の掃除もしなければ水の交換もしない。しかし魚は1年以上生き続け、5年以上生息した記録もある。これが私の実践している「不思議な水槽の世界」だ。

すでにあちこちの学校や講演会などで話しているので、知る人は多くなってきた。

この不思議な水槽の鍵となるのは、水草と微生物(バクテリアを含む)である。特に微生物の働きの大きさに感嘆せざるを得ない。それによって水槽の中の不要なものが分解され、いつもきれいになっているのである。「水槽の掃除屋さん」が「微生物(バクテリア)」なのである。

微生物にとって快適な環境を作るため、私は水槽の中に川の土と砂、泥を入れている。最初は濁っているが、2日もたてば透き通るような水になって

水交換しなくてもいつも透き通った不思議な水槽

くる。泥や濁りを汚いと感じている人が大半の今日、多くの人は私の作る水槽を「不思議な水槽」と感じるだろう。しかし理屈の分かる人や、土を平気でさわれる人にとっては当たり前の世界でしかない。近くの川やため池の姿を、水槽の中に再現しているに過ぎないからである。

この不思議な水槽のモデルは、私宅の応接間のほか、よご認定こども園やヤンマーミュージアムに設置してあるので、関心のある方はぜひ観察してほしい。

生きものはやがて何らかの原因で死んでいく。水槽の世界とて同じである。私は水槽の中で魚が死んでも、そのまま放置しておく。人は、魚が腐敗し、やがて水が濁り、水槽の大掃除をしなくてはならないと考えているが、これは大きな誤りである。２㎝程度のタナゴなら、早ければ４日程度で水槽から姿が消えてしまうのである。

先日、３匹のメダカを入れたミニ水槽を作った（完全密閉式）。その後弱り気味だった１匹が死んだが、そのまま放置して変化の様子を観察した。魚の体は次第に外側から溶けたような状態になり、やがて白骨になり、３日後には完全に消え、きれいなミニ水槽の中では何事もなかったように残された２匹がすいすいと泳いでいた。死んだ魚は腐るのではなく、外側から静かに消えていく感じである。水中の微生物が、魚を無害な二酸化炭素と水に分解しているのである。これは体験しない限り実感がわかないかも知れない。

我が家で活躍していた生ゴミ処理装置
（作り方は18ページ参照）

そこで簡易生ゴミ処理方法を使って、微生物の威力を確認するための実験を開始した。

簡単な宮川式生ゴミ処理方法

毎日、炊事場で発生する生ゴミは、各家庭でいろいろな方法で処理されている。農家ならば近くの畑に穴を掘って処理したり、コンポストで処理したりしている人が大半である。都会では、燃えるゴミとしてゴミ回収車任せの家が大半であるが、ゴミ処理場では、莫大な費用をかけて燃やしているのである。

こうした費用を少しでも節減するために、メーカーが競って開発しているのが家庭用生ゴミ処理機である。１台５万円から８万円までさまざまな種類が出回り、行政が補助金を出す制度までできている。しかしこの機械には、電気代、微生物の活性剤などのランニングコストが必要となる。

今回紹介するのは、早くから環境問題に取り組んでいる宮川琴枝さん（長浜市在住）が普及に力を入れてこられた簡易生ゴミ処理方法である。

これは、毎日微生物の働きが観察でき、費用や手間がかからず、臭いが出ないので家の中に設置できる優れものである。

私はそれまで、あるメーカーの生ゴミ処理機を利用していたが、故障後は

月	日	生ゴミ投入時刻	投入前の重さ（g）	投入後の重さ（g）	生ゴミの量（g）	消えた生ゴミ（g）	分解時間（時間）	1時間あたりの分解量（g）
5	22	17:00	7,000	7,400	400			
5	23	17:30	7,200	7,400	200	200	24	8.3
5	24	7:50	7,200	7,500	300	200	14	14.3
5	25	9:35	7,100	7,400	300	400	26	15.4
5	26	8:25	7,300	7,400	100	100	23	4.3
5	27	8:00	7,300	7,600	300	100	24	4.2
5	29	22:10	7,200	7,600	400	400	62	6.5
5	31	23:50	7,300	7,600	300	300	49	6.1
6	1	22:00	7,400	7,800	400	200	23	8.7
6	2	21:40	7,400	7,600	200	400	23	17.4
				10日間の合計	2,900	2,300		

表1　宮川式生ゴミ処理方法の実験結果（10日分）

畑に穴を掘って捨てる方法を続けてきた。畑に行く時間が毎日とれないので、ある程度生ゴミを貯めるための容器を用意した。そうすると生ゴミは腐敗して臭いが発生し、ショウジョウバエが飛び交う始末であった。

ところが、この宮川式に切り替えてからというもの、我が家では快適な生ゴミ処理が続いている。2つのセットをフルに使っているが、トラブルは発生していない。この夏もよく働き、投入した生ゴミはほとんど1日で消えていく。

宮川式生ゴミ処理の方法や微生物の分解のすごさを示した実験結果は、表1の通りである。一人でも多くの方に実践していただきたい。

分解が始まってバクテリアが米ぬか等を食べ始めると、酸素を取り入れる代わりに水と二酸化炭素を排出し、発熱が始まる。乾き過ぎても、水分が多すぎてもダメなので、毎日バクテリアの活躍の様子をよく観察しながら、米ぬかを追加するなどの調整をする。

この方法で生ゴミの処理をする場合には、微生物をあたたかく見守る心構えが必要である。「頑張れバクテリア！」「今日もよろしくお願いします」という心境である。

驚くべき分解の力

毎日どの程度の生ゴミが消えていくかを調べてみた。表1から分かるように、投入した生ゴミはほとんど1日でなくなっている。

ダンボール箱の中は発熱し、熱いときは40℃を超える。水分が多く出ると底が濡れる場合もある。

さらに驚いたのは、生のキュウリ1本が何日で消えるかを調べた実験である。その結果約3日間で姿が消えてしまった。魚も何もかもこの調子で分解していくのであるから、驚かざるを得ない。

びわ湖や余呉湖では、今日もおびただしい数の生きものが死んでいるだろうが、この生ゴミ処理と同じ仕組みで、水中のバクテリアの力によって数日内に消えてしまうのである。不思議な水槽の中で死んだ魚が数日で消えてなくなるのも、これでうなずけるのである。

農薬をつかわないので虫に食べられた小松菜

宮川式生ゴミ処理方法の概要

準備物

使用済みのダンボール箱　新聞紙

腐葉土：米ぬか＝１：１（体積比）　網など

作り方・使い方

ダンボール箱の蓋を立ててガムテープで補強し、底に新聞紙１日分を敷く。

腐葉土と米ぬかをよく混ぜて箱に入れ、防虫のため網をかぶせ、２、３日放置する。

箱の中をよく混ぜて、小さく刻んだ生ゴミを投入する。

私たちは微生物に囲まれている

最近読んだ翻訳書『生物界をつくった微生物』（ニコラス・マネー著、小川真訳、築地書館）は少し難しい本ではあるが、微生物のすごさを理解する良い本である。家の前の小さな池から、私たちの体に至るまで、すべてのところに生息している微生物についてその仲間と働きを紹介している。

南極の氷の上にも、火山地帯でも、どこにでも生育している微生物は、土

雑草の中で育つニンジンと春ダイコン

1gの中に数億個、海水1ccに数百万個存在しているといわれている。私たちの体の腸の中にも1000種類以上の微生物が、600兆から1000兆個生息しているというから驚きである。いわゆる「善玉菌」「悪玉菌」である。

このように微生物に囲まれている私たちは、細菌などの微生物を完全に排除することは不可能に近い。逆に、それよりも田や畑、山、川のある自然界で少しでも多くのときを過ごし、微生物との共生生活を送る方が健康な体作りにつながると私は考えている。子どもは小さな頃から、土と接触する体験が必要である。土は「汚い」のではなく「微生物の宝庫」なのであり、多様な微生物と接触できる良いチャンスととらえるのである。自然農法で作物を作り、それを食する生活が健康寿命につながっていくのである。

私はこれからもこの生き方を貫き、多くの人に伝えていきたいと考えている。無農薬で雑草と共存しながらの(畑の草むしりはほとんどしない)「自然農法」で、年間約20種類の野菜作りを楽しんでいるこのごろである。

初出 『み～な108号』 2010年10月
『み～な128号』 2016年7月

第2章　生きものを増やす

ササユリはこうして増えた

山門水源の森の里山再生作業の成果

実験は確実に成功している

山門水源の森の中心メンバーである藤本秀弘氏のみならず関わっている仲間たちは口をそろえて「凄いことになってきた」と喜びを隠さない。実験は確実に成功している。

２００３年に山道の両サイドの草刈りを開始して今年で7年目となる。「継続は力なり」の格言のごとく、昨年ササユリの株は１５０株程度だったが、今年（２００９年）5月現在、その倍近い花芽を確認している。この調子で増加すれば、来年は大変な数のササユリが咲くことになる。今回はこの取り組みを報告する。

大規模な下草刈りなどの管理作業が実施された湿原

ササユリについて

ササユリは本州中部から九州にかけて分布する多年草で、山地の草原や明るい森林に生育する。地下に白い鱗茎(いわゆるユリ根)がある。小さなものは1枚の葉のみで、これを根生葉という。大きく育ったものは茎が伸びて、6月から7月にかけて美しい花を咲かせる。花は一つの場合が多いが、複数咲くこともある。雄しべは6本で、葯は鮮やかな赤褐色をしていて強い香りがある。葉は名前の通りササの葉によく似ている。種子は100~200粒程度である。

かつてはどこの裏山にも見られた植物であるが、今ではほとんど見る機会がない。山の中でも、山道など日の良く当たる場所にひっそりと咲いているのが現状である。栽培されているものも多いが、育てるのが難しく値段も高価なため、日常生活から遠い花となりつつある。

自生のササユリを守ろうと、いろいろな取り組みが全国各地から報告されている。その方法には主に次の四つがあるように思われる。

一つは、種を採取し、それを蒔いて増やそうとする方法である。次は、球根から増やしていく方法である。輪生している球根を1枚ずつはずして植え

明るい日陰を好んで咲くササユリ。葉はササの葉に似ている（撮影／藤本秀弘）

る方法をとっている。以上は学校の周りや植木鉢の中で、人工的に育てようとする試みである。三つ目は、私の知人の平木氏らの仲間が甲賀市の朝宮で試みているバイオ技術を利用した増殖方法である。県の機関の協力で成功している。

四つ目は、ササユリの本来あった生育環境を取り戻すことによって増やそうとする方法である。これが今回の私達の取り組みであり、確実な成果が得られている。「ササユリの咲く環境に学べ」というのが私たちの基本的な考えである。「同じ環境には同じ生物が生息する」という生態学の基本中の基本に従うだけであり、しごく当然のことである。しかし、それがなかなかできないのである。

ササユリはどんな環境を好むのか

ササユリの特性や好む環境について整理してみると次のようになる。

①砂岩、石灰岩、花崗岩などの風化したヤセ地に育つ。栄養のある土は雑菌が多く、球根が腐ってしまう。当地は花崗岩地である。

②水が溜まったところを嫌うので、斜面に多い。花崗岩地は水はけがよい。

③日照を好むが乾燥には弱いので、半日陰《はんひかげ》が良い。せっかく出てきた幼葉も、2~3日日照りが続くと枯れてしまう。

鹿の害を防ぐための金網（撮影／藤本秀弘）

④ネズミやイノシシがいると、球根が食べられる危険性がある。当地は特にシカがつぼみを好んで食べるので、網をかける取り組みを展開している。

⑤地下茎と土との間にすき間があると、いろいろな虫が入って球根を腐らせてしまう。

⑥葉を4枚程度残せば、花を切っても翌年開花する（根元から切ってはいけない）。

山門水源の森の環境は上記のササユリの生育環境に近く、特に③の日当りについての条件さえ満たせば増えやすいことがわかる。

鹿との戦い

ササユリの保全活動で困るのは、増え続けているシカがササユリのつぼみを食べることである。そこで、花をつけそうなササユリ一つひとつに金網をかぶせるという地味な対策が取られている。花は食べないので、開花したら金網を外し、訪問者に見ていただくことにしている。費用と手間のかかる取り組みであるが、継続的な草刈り（11月以降）によって、ササユリは確実に増えてきている。最近はシカが花も食べるようになってきている。

このように里山の生物に必要なのは、下草刈りのような人的行為が続けら

維持管理についての説明を聞く訪問者（撮影／藤本秀弘）

れて維持されてきた環境であり、この作業が止まれば彼らの生命は絶えていくのである。貴重な生きものの保全や生物多様性の課題解決には、ただ何も手をつけずに放置しておくという対応のみではいけない。特に多くの里山の生きものの保全には、草刈りなどの人為的な活動は不可欠である。

湿原についても同様で、放置すれば湿原は土砂で埋まって森林へと遷移が進んでいく。現状を保全するためには、ちょうどアカマツやコナラの林を維持するのと同様、定期的に手を加えなければならないのである。すでに山門水源の森では、多くの方の協力を得て、湿原も見事に復元しつつある。ぜひその成果をご覧いただきたい。そしてあなたもぜひ里山の維持管理にご協力いただきたい。

初出『み〜な103号』2009年6月

ヒガンバナ（彼岸花）は簡単に増やせる
不思議な花のしくみ

ヒガンバナ

はじめに

長浜市の環境保全課が毎年実施している市内の生きもの分布調査は、市民が身近な生きものに関心をもつ一つの方法として有効である。

全国バージョンでは日本自然保護協会（東京）が、かなり前からテーマを変えながら毎年実施している。正確さは別にしても、簡単で広範囲のデータが集まるので、自然環境の概要を知るには有効な手段である。何よりも住民が気楽に参加できるのが良い。

私も、理科の教師であったころ旧伊香郡内の中学校の協力を得て「伊香郡ツバメ実態調査」を長年実施したのを懐かしく思い出す。郡内の中学生全員が調査に参加したわけであるから、その情報量はすこぶる多く、これに勝るものはない。

さて、２０１４年の長浜市の調査は身近なヒガンバナが選ばれ、その調査

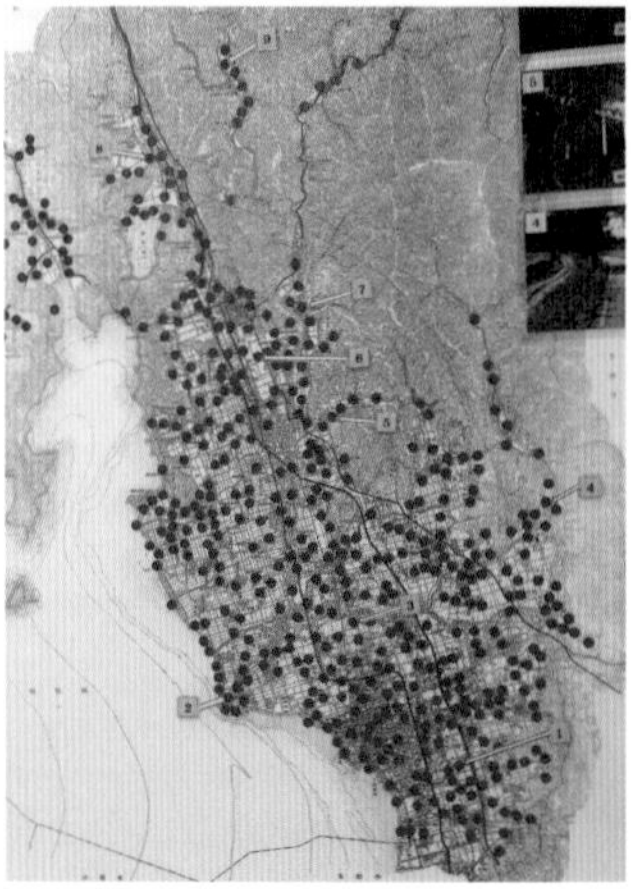

長浜市環境保全課の調査によるヒガンバナの分布図（2014年調査）

結果は、湖北野鳥センターや市役所で公開されていたので目にした人もいると思われる。ヒガンバナは「彼岸花」・「曼珠沙華」の名前でもよく知られている。

完成した市内の分布図を見ていると、赤丸のシールがびっしりと並んでいるので、ヒガンバナは市内のどこにでもあるような錯覚に陥ってしまうが、実際はそうではない。数百m、数km歩いてもヒガンバナに出会わない場合もある。（シールの●が大きすぎるからで止むを得ない）

戦前戦中生まれの人は、野外で過ごした経験が多く、この花が毒草であることはよく知っている。しかし今は知らない子どもが多いかも知れない。

さて、畑や道端の草刈りをしている人でも、この植物が変わった生き方をしていることに気づいている人は案外少ない。身近にありながら、その生活の仕組みがよく知られていない植物でもある。

「昔はもっとここに沢山咲いていたのに、今はほとんど無くなってしまった。もっと増えないかなー」と思っている人は、以下の説明を読めば、どんな環境にすればヒガンバナが増やせるかがわかると思う。

ヒガンバナの鱗茎（球根）

ヒガンバナの基礎知識（入門）

① 花の様子

9月中ごろから10月中旬にかけて赤い花を一斉に咲かせる。花の時には不思議なことに、他の植物のように枝も、葉も、節もない。その姿は独特である。花弁は6枚。稀に白い花もある。多くの仲間と群生するのが特徴。

② 葉の様子

花が咲いている時には葉はない。花が終わる10月中旬から葉が伸び出し、晩秋には長さ30～50㎝の細い葉をロゼット状に出す。色は濃い緑でつやがある。冬の間も葉は枯れることはない。多くの植物がこれから活躍しようとしている5月中ごろになると、不思議なことにすべて枯れてしまう。

③ 土の中の様子

ヒガンバナは多年草で地中に立派な球根のようなものをもっている。これを「鱗茎」と呼ぶ。光が当たって光合成をしているときは、葉で作られたデンプンが球根（鱗茎）に蓄えられてしっかりしているが、葉がない夏は弱々しい状態で休眠している。雪の中、家の近くのヒガンバナの葉を掘り起こして土の中を覗いてみたら、写真のような立派な鱗茎が出来ていた。

④ 分布と原産地

北海道以外に広く分布しているので、日本古来からあったものと思われているが日本の在来種ではない。中国大陸の南の地域が原産地で帰化植物である。稲作が始まった弥生時代に帰化したものとも考えられているが、それ以前に帰化したという説もある。

⑤ 種子はできない

遺伝子が3倍体であるため、種子では増えない。鱗茎が分かれて増えていく。最近の研究で種子から増えたという稀な報告もあり注目を集めている。

⑥ 生育環境

田畑の周辺、堤防、墓地などのように、人が常に何らかの手を加える場所でしか生きられない。基本的に森の中では生育できない。もし林や森の中で見られたら、そこは昔農村地帯(人里)であったことを物語っている。この植物は、秋に花が終わった後、若葉が出てくる時に十分光が当たる環境でないと生きられない。

⑦ 有毒性である

葉も茎も花も根もすべてが有毒である。特に土の中の鱗茎といわれる球根部分にはリコリンやアルカロイドが含まれていて注意が必要。食べると吐き気や下痢を起こす。ひどい場合は中枢神経麻痺を起して死亡することもある。この有毒性を利用して、水田の畔や墓地にネズミやモグラが来ないように植

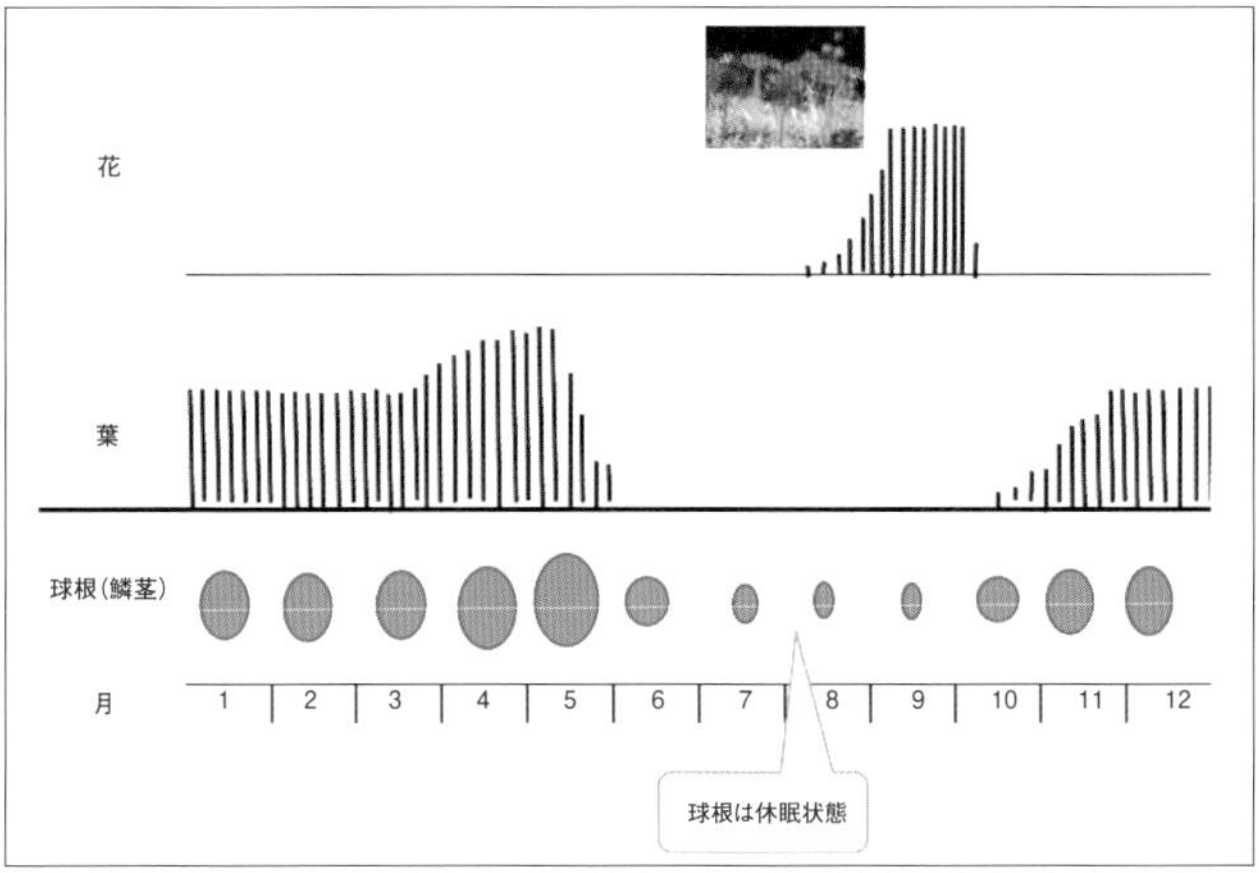

ヒガンバナの生活史
モデル図（村上作成）

えられたものと考えられる。球根（鱗茎）はそのままでは有毒であるが、水にさらせば無毒化し、デンプンが多く食用となる。昔から飢饉の時や戦時中の非常食として食用にされた。

⑧ 薬にもなる

鱗茎からは石蒜《せきさん》という名の生薬がとれ、利尿作用等がある。

ヒガンバナの増やし方

ヒガンバナは花が終わると葉が出て、光合成を行って球根（鱗茎）に栄養を蓄えて成長する。種子で増えないから花はなくてもかまわない。大切なことは鱗茎が立派になることである。そのためには花が終わる秋に、まわりの草を刈り、葉に光がよく当たるようにすることである。そして翌春になっても葉が枯れるまでは草刈をしないことである。夏には花も葉も茎も何もないので、草刈りをしても影響はない。ただし、地下の鱗茎で仲間を増やすので、圃場整備などで水田の畔や土手を壊してしまえば、ヒガンバナは確実に消滅する。鱗茎を大切にし、鱗茎を植えればどんどん増え続けていく。

《参考文献》

「植物生活史図鑑Ⅲ（夏の植物№1）」（北海道大学出版会）

初出『み～な124号』２０１５年３月

びわ湖のヨシを増やす取り組み

びわ中学校に学ぶ

はじめに

私たち県民のほとんどは、びわ湖岸に豊富にあったヨシ原が、内湖の消滅や琵琶湖総合開発によって大きく減少してきていることや、減ったヨシを復元するために「ヨシ群落保全条例」（１９９２年7月1日より施行）が制定されて、ヨシの植栽が真剣に実施されていることをよく知っている。

ヨシの植栽については、最初は試行錯誤の連続であったが、今ではその技術もほぼ確立され成果も上がっている。大規模なヨシ植栽は県によって実施されているが、環境保全の視点から学校や市民団体が取り組んでいる場合もある。

旧びわ町の湖岸では、びわ中学校の生徒たちがヨシの植栽を早くから行っている。その成果を確認するため、私は数年ごとに現場を訪れてきた。竹筒の中にヨシを植えた年や、波による影響を防ぐ取り組みがなされた年もあった。

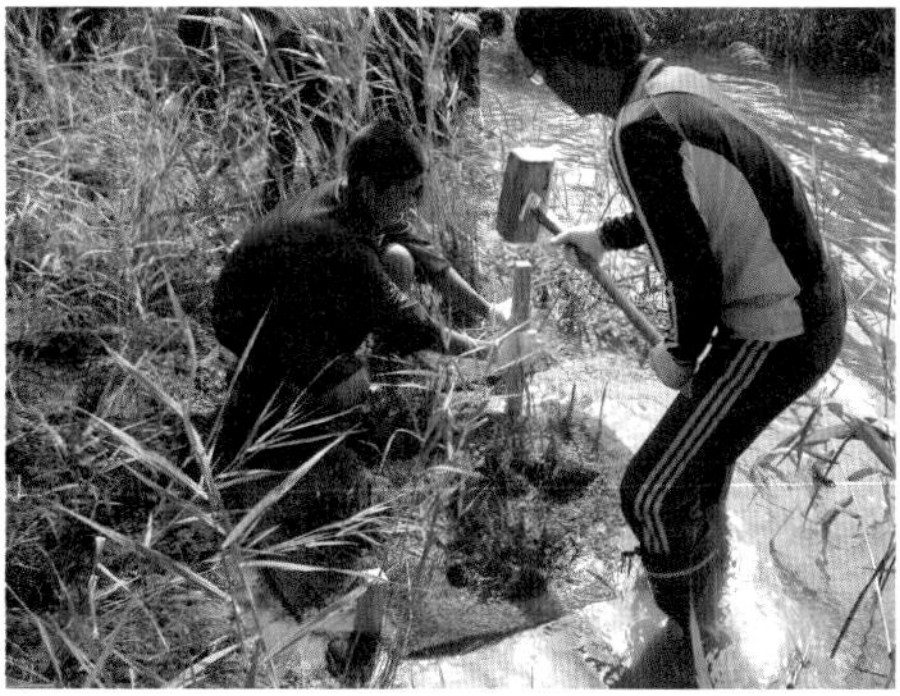

植栽する生徒たち

私がびわ中学校の取り組みに強い関心を持ったのは、２０１３年の8月、全校生徒によるヨシ植えの時に、生徒と保護者に対して「なぜびわ湖のヨシを植えるのか？」と題しての講話を頼まれたからである。ヨシ保全条例を再確認し、講話の資料を作成する段階で、びわ湖のヨシ保全の重要性を改めて痛感した。ヨシ原の働きについては、最近のびわ湖の水質改善や生態系の保全、生物多様性の保全に深く関わっていることを再認識することができた。

びわ中学校ではなぜ10年以上もこの取り組みが続いているのか、びわ湖に近い他の学校ではなぜこうした取り組みができにくいのかなど、いろいろ考えさせられた。

今回は、びわ湖のヨシの保全の重要性と課題について考えてみたい。

びわ湖におけるヨシ原のはたらき

①生きもののオアシスである。

ヨシ原にはいくつかの働きがあるが、私は何よりもびわ湖に住む生きもののオアシスとしての機能が一番大切と考えている。

びわ湖に住む多くの魚たちは、産卵期になると一斉にヨシ原周辺に集まってくる。ビワコオオナマズにしても、モロコにしても、コイやフナ、タナゴの仲間なども、大半がヨシ帯に集まって産卵する。まわりには水草があり、

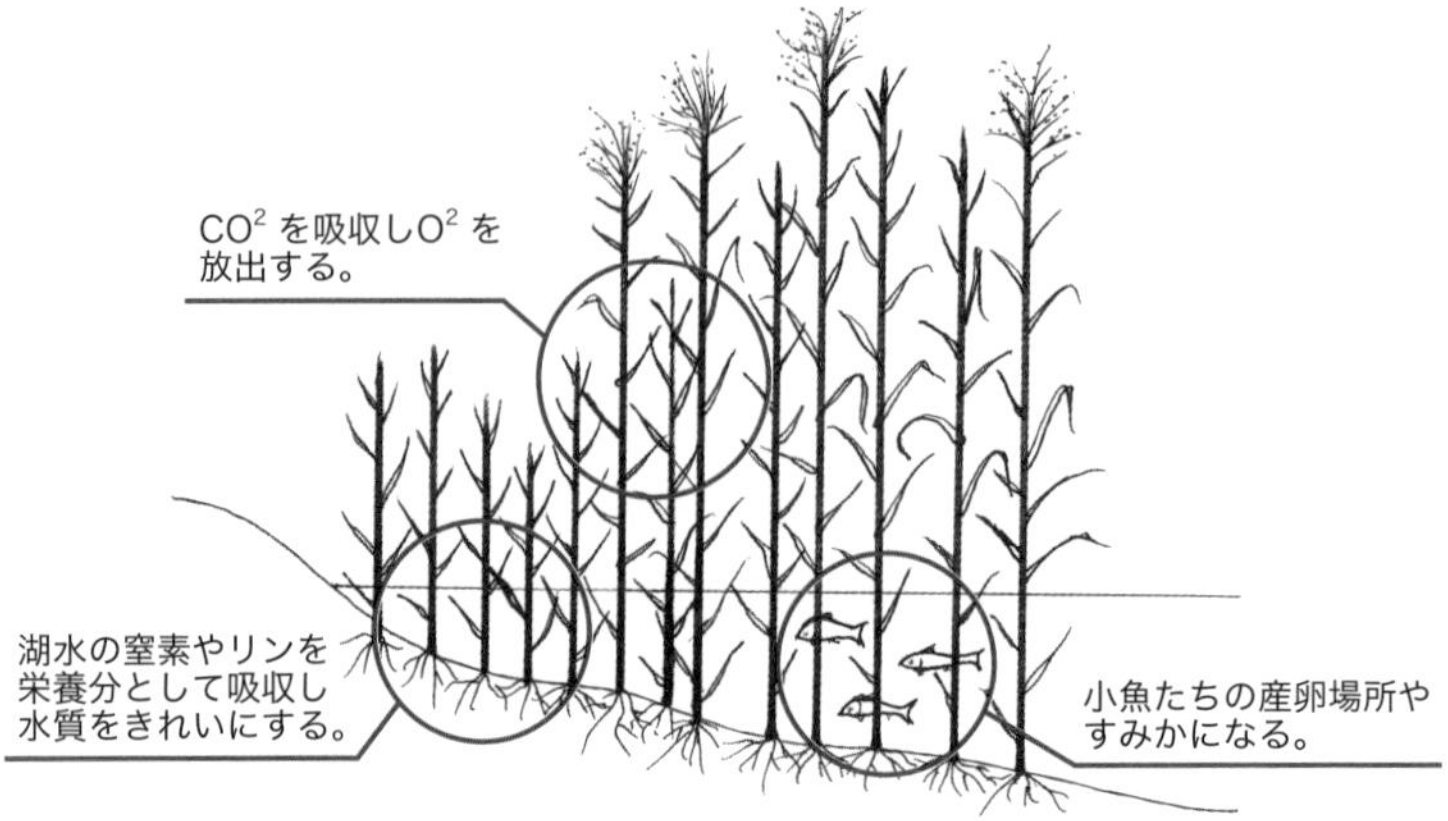
CO_2 を吸収し O_2 を放出する。
湖水の窒素やリンを栄養分として吸収し水質をきれいにする。
小魚たちの産卵場所やすみかになる。
ヨシ原のはたらき

えさとなるプランクトンも多く、稚魚の成育環境としてはベストなのである。成熟したブラックバスやブルーギルなどはヨシにさえぎられて入ることができないので、在来種の稚魚にとってヨシ原は安全な場所である。

そうした生きもののオアシスを大々的に破壊したのが琵琶湖総合開発事業である。いわゆる湖岸道路の建設やコンクリート護岸の構築によって、大面積のヨシ原を潰してしまったのである。巨額の国費を投入した琵琶湖総合開発は、治水、利水の面では大きな成果をあげたといえる。これは私たち県民や下流に住む京阪神の人々にとってはありがたいことであろう。しかし、びわ湖とその周辺に住む生きものの保全を含む環境保全の視点からみれば、これは失敗した事業といえよう。

びわ湖の生きもののオアシスを壊してきた私たちの罪は大きい。次世代のためにもヨシ原の保全は緊急の課題である。外来種の増加、在来種の減少、プランクトンの単純化、COD（化学的酸素要求量）の増加などびわ湖の課題を解決するキーポイントが、ヨシ原を含むエコトーンの復元にあるのは間違いないと私は考えている。

ヨシ帯はさらに、野鳥やは虫類、両生類、ほ乳類などの子育ての環境として重要である。滋賀県の鳥として有名なカイツブリやヨシキリなどは、ヨシ原に隠れて巣作りをする野鳥としてよく知られている。

②二酸化炭素を吸収し、地球の温暖化防止に寄与する。

植物が葉緑体でデンプンをつくるシステムは、すべての植物に備わっている機能である。二酸化炭素を減らそうとする世界的な取り組みは、一般に森林の働きが重視されているが、ヨシ帯も一役を担っている。

③水質をきれいにする。

富栄養化の原因となっている水中のチッソやリンを吸収し、水質浄化に寄与している。これは水生植物すべてにいえることであり、大発生しているオオカナダモ、コカナダモなども同じ働きをしている。ヨシ帯が増えれば、当然、栄養塩類の吸収は大きくなる。

びわ中学校のヨシ植栽の方法

びわ中学校のヨシの植栽は『ヨシ行けどんどん作戦』と名付けられている。2002年、当時のPTA会長だった川瀬利弥氏の発案で、かつてのヨシ原を取り戻そうと熱心に呼びかけて始まったとされている。その後この取り組みはいくつかの壁を乗り越え、現在は生徒会や教職員、さらには商工会などの地域を巻き込んだ事業となっている。

ヨシを植えるイベントの日は、延べ500人近い参加者で賑わう。ヨシ植えに真剣に取り組む子ども達の姿は清々しい。問題は、この数千本のヨシの苗を育てることの大変さである。今は学校の先生の指導を受けて、生徒達の

育てたヨシ

刈り取ったヨシを学校前の池に浸けて芽を出す

手で育苗がなされている。
ヨシは種を蒔いて作った苗をポットで育てる方法もあり、県などの行政の事業ではこの方法がとられているが、びわ中学校では、刈り取った親のヨシから新しい苗を1mの高さまで育てている。その手順は次の通りである。

①ヨシの刈り取りと芽出し作業—6〜7月

6月上旬に湖岸に生えているヨシを刈り取り学校前の池に浸す。1ヶ月程度で節目から新しい芽と根が出てくる。

②新しい苗をポット（鉢）に植栽する—7月

芽が出てきたら節ごとに切り離してポット（鉢）に植える。数千個つくることになる

③ヨシ苗を湖岸に植える—8月

この事業の総仕上げとなる楽しい植栽イベントである。植えたヨシに託す願いは、しっかり成長してびわ湖の環境保全に役立ってほしいということに尽きる。

さらにこの学校の特徴は、自分たちで刈り取ったヨシで作られた卒業証書が授与されることである。

おわりに

こうした取り組みを実施している学校は、県内ではびわ中学校のみと思われる。他の学校や地域でも実施しやすい事業ではあるが、びわ湖が公的な条例等でしばられているため、勝手にヨシを刈ったり植えたりすることが簡単にできない点が大きな壁となっている。

初出『み～な120号』２０１４年1月

ホタルを増やす

なぜ人工河川にホタルの乱舞なのか

ホタル調査

私の勤務していた西浅井中学校では、校長室前の廊下に大きな町の地図を掛け、生徒がホタルを見かけた場所にシールを貼るようにしておいた。いわゆるホタル分布調査である。昼休みには私もこの仕事を手伝っていた。

「校長先生、きのうホタル見たで」
「そうか、どのくらいいたかな」
「2匹やった」
「そうか、それでもシール貼って、数と名前を書いておいてや」
「うん」

こんな会話も、7月になるとめっきり少なくなる。もうゲンジボタルの見られるシーズンは、終わりに近づいたからである。親といっしょに車でホタルを見に行ったという生徒もいれば、全然関心を示さない生徒もいてさまざ

八田部の川の様子

までである。

3面コンクリートの川になぜホタルなのか

西浅井町に八田部という集落がある。国道303号線をマキノ町に向かって、岩熊トンネルを越えた左側にある。近くを人工河川化された八田部川が流れるが、毎年、そこにホタルが乱舞している。多いときは一晩に600頭を数え、1000頭を超える年もある。（＊ホタルの数は一般的に○○匹と数えるが、学術的には○○頭と数えるのが正しい）

私も、何回も観察しているが、ホタルが湧いてくるという雰囲気に、何とも言えぬ感動を覚えたものである。近くの大川のホタルも美しいが比較にならない。国民宿舎つづらおでは、毎晩バスを出してこの川辺へホタルウオッチングのツアーを行っている。国民宿舎の近くにもたくさんホタルの出る場所があったが、それをはるかにしのぐ美しいホタルの乱舞に、みんな感嘆の声を上げたという。

八田部では、かなり前から地元の有志が「八田部ホタルを守る会」を結成し、毎晩パトロールを続けてこられた。根気のいる仕事である。会員の多くは70歳を超えた人たちだが、この人たちの脳裏には、ホタルが舞い飛ぶ昔の光景が強烈に焼き付いているのであろう。私もこの活動に協力していて、会

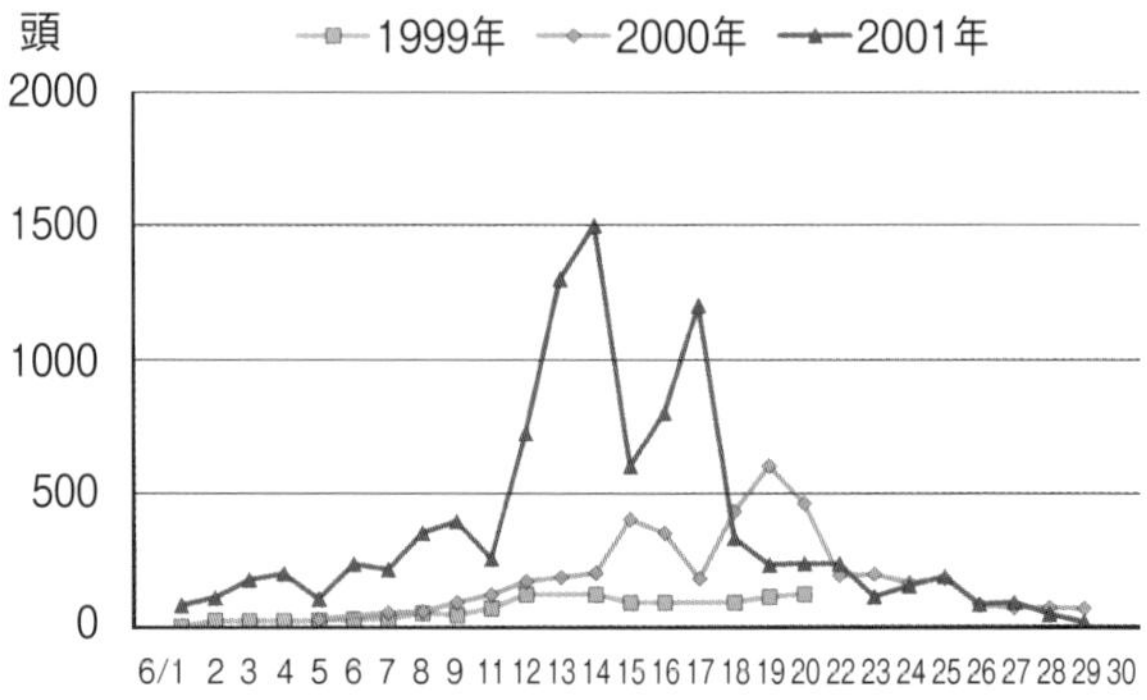

八田部におけるホタルの発生状況（「八田部ホタルを守る会」）

員と話をしていると何とか復元したいという強い熱意が伝わってくる。

私は県の生物アドバイザーとして、いろいろな土木事業を、少しでも生きもののすめる環境を残しながら進めていくための提案を行っている。3面コンクリートを、できるだけ石積み護岸にするなど、魚やホタル、貝などの水生生物が生息できる環境づくりの提案を続けている。これからの工事は、今までとは異なった工法が採用され、ホタル水路の設計も行われる。条件が整えばホタルは確実に復活するだろう。

しかし、前述の八田部川は3面コンクリートの大きな川で、ホタルが乱舞する環境とはいえない。なぜこんなところにホタルが現れたのか、まったくわからない。魚も、ヨシノボリがいる程度でほとんど何もいない状況である。私の疑問はますます深まっていった。

ホタルとカワニナの関係

ある年、八田部の公民館で「ホタルの学習会と観察会」が行われた。守山市で長年ホタルの飼育や増殖を手がけてこられた先生が、ホタルの一生についてわかりやすく話をされた。何回聞いても、ホタルの一生は本当に不思議である。

世界に2000種類いるホタルの中で、水中で幼虫の時期を過ごすのは、日本のゲンジボタルとヘイケボタルだけというから、これまた不思議である。日本でなぜこんな生きものが進化したのだろうか。なぜ外国にはいないのだろうか。

ホタルが、水中で生活する幼虫時代、カワニナの肉を食べていることを知っている人は案外少ない。かつて西浅井中学校の3年生にホタルの話をしたとき、カワニナを教室に持ち込んでみんなに観察させた。平気でさわる生徒もいれば、「キャーキャー」と今まで見たこともない恐ろしい生きものに触れたように逃げる生徒もいる。

1頭のホタルが一生に食べるカワニナの数は約40匹といわれる。八田部の今年のホタルの発生数を3000頭と計算すれば、40匹×3000で、12万匹のカワニナが餌として食べられたことになる。来年も今年のようなホタルの乱舞を見るためには、10万匹以上のカワニナが必要となる。本当にこれだけのカワニナがいるのであろうか。

この疑問を、当時3年生の小笠原雅之君と向井隆道君が明らかにした。何回も川に入り調査を行った結果、3m×4mの中になんと1200匹のカワニナが生息していることがわかった。これで計算すれば、河川一帯に10万匹以上いることはまちがいない。

カワニナの生息がホタル発生の重要なポイントなのである。まずカワニナを増やすことである。「カワニナ無くしてホタル無し」である。なお、カワニナを増やすことはそれほど難しいことではない。

ホタルの一生

◦湖北地方では、主として6～7月に発生する。

◦飛んでいる成虫のホタルの命は、1週間～10日と短い。この間、夜露を口にするだけで何も食べない。

◦成虫が光るのは愛のサインであり、交尾が終わると卵を産んで死んでいく。

◦メスは、水辺のコケなどに数百の卵を産みつける。

◦卵は1ヶ月で孵化し、幼虫は川の中に落ちて翌年の3月末まで水中生活をする。幼虫の姿は成虫のホタルとは程遠い。幼虫は、カワニナという巻貝の肉を食べて成長していく。1匹の幼虫が成虫になるためには40～50匹のカワニナが必要であり、川に大量のカワニナがいることが、ホタルの発生には欠かせない条件である。

◦4月上旬の夜、幼虫は川から上陸し、土手の土の中に入ってさなぎとなる(幼虫は、雨の降る夜に一斉に上陸する。幼虫も光るので観察できる)。

◦6～7月にかけて、さなぎは成虫に変わり飛び出してくる。ホタルは土手の土の中から発生してくるのである。

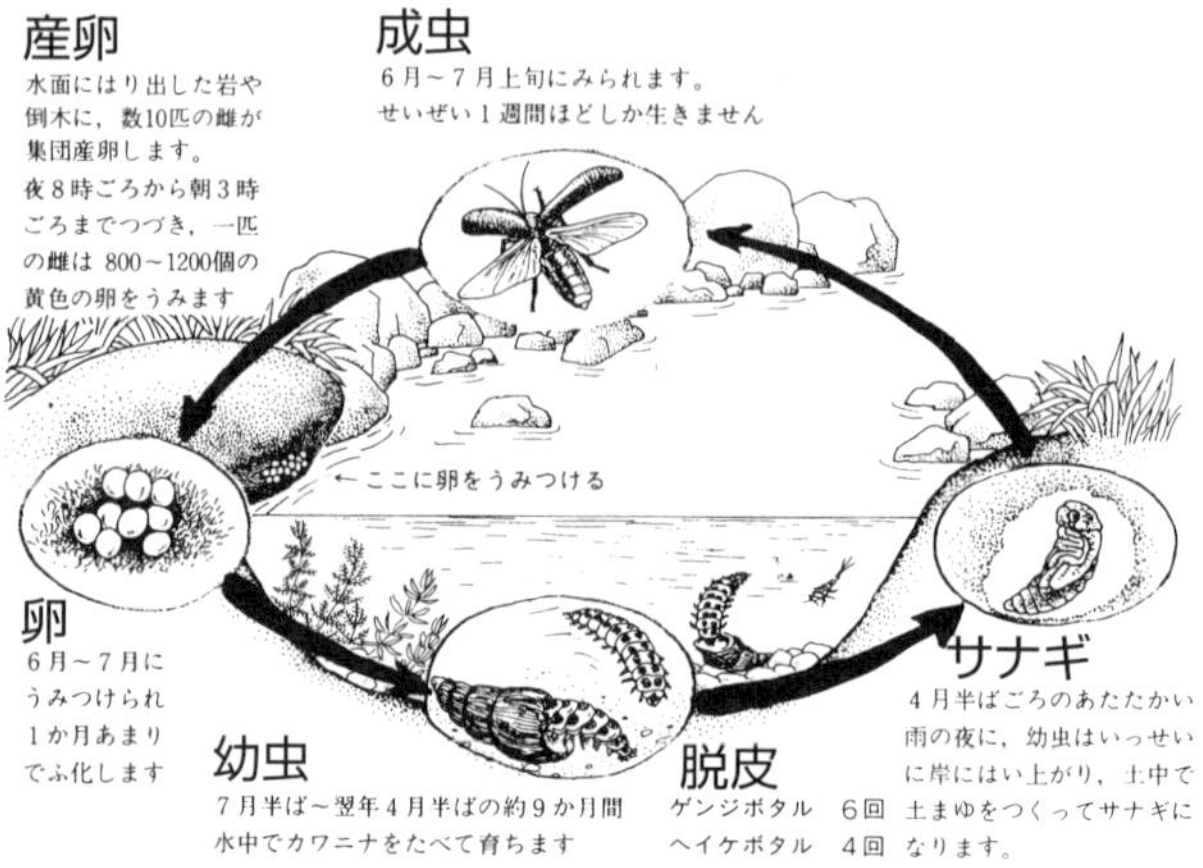

産卵
水面にはり出した岩や倒木に、数10匹の雌が集団産卵します。
夜8時ごろから朝3時ごろまでつづき、一匹の雌は 800～1200個の黄色の卵をうみます
成虫
6月～7月上旬にみられます。
せいぜい1週間ほどしか生きません
←ここに卵をうみつける
卵
6月～7月にうみつけられ1か月あまりでふ化します
幼虫
7月半ば～翌年4月半ばの約9か月間水中でカワニナをたべて育ちます
脱皮
ゲンジボタル　6回
ヘイケボタル　4回
サナギ
4月半ばごろのあたたかい雨の夜に、幼虫はいっせいに岸にはい上がり，土中で土まゆをつくってサナギになります。

ホタルの一生（自然観察シリーズ「滋賀の水生昆虫」より）

ホタルと河川清掃作業

ほとんどの農村の自治体では、用水路や排水路などの川の掃除が脈々と続けられている。区や自治会で決定した行事なので、確実に実施される。もし参加しない場合は、不参加料が徴収されるシステムになっている場合が多い。実施時期も、しきたりによってそう簡単に変更できないケースが多い。

生きものが多かった昔は、これらの作業はいつ実施されても問題はなかったし、生きものが減少することもなかった。かつては、それほど多数の生きものが農村に生息していたのである。しかし、今、状況は大きく異なってきている。人びとは身近な生きものに気を遣ってはいるが、そのなかで配慮に欠けるのが自治体の作業である。

湖北地方で土手の草が繁茂するのは6～7月で、ちょうどホタルがさなぎから成虫となって飛び出す時期と一致する。この時期に土手の草がなくなれば、ホタルが隠れたり、止まったりする草がなく、直射日光が当たり、ホタルにとってきわめて悪い環境となる。旧山東町や湖北町において、ホタル保護条例の中で土手の草刈りの規制をしているのはこのためである。

また、土手の土の中には、4月ごろからさなぎが生息している。除草剤を散布すれば、その影響は避けられない。除草剤は、7月ごろまで散布しない

秋の農業排水路の清掃作業

ようにしたい。

河川の清掃は徹底しない

河川の清掃は、夏から秋に実施しているところが多い。総出の仕事は徹底して行うケースが多く、みんなで競うように一生懸命である。その結果、水草は当然のこと、泥や砂までも、すべて土手に上げてしまっている作業がほとんどである。

実はこの徹底した作業が、生きものを減らしてしまっているのである。ホタルを例にとれば、8月から翌年の3月まで、川にはホタルの幼虫や、そのえさとなるカワニナが多く生息している。泥と一緒にすくい上げると、みんな死滅することになる。

川掃除の目的は、水の流れを良くすることで、水生生物を殺すことではない。しかし、多くの現場では、たくさんの生きものを殺しているのである。

そこで、泥や水草を上げる場合、生きものがいれば水中に戻すこと、作業は徹底して行わないで、川幅の3分の1程度は残しておくことを提案したい。生きものに配慮した作業を行えば、彼らは確実にあなたの村に戻ってくるはずだ。

初出『み〜な69号』2001年8月
初出『み〜な96号』2007年8月

第3章　生きものを守る

「山門湿原」はこうして守られた　みんなの力で次の世代に引き継ぎたい

4万年以上の歴史をもつ山門湿原と山門水源の森

環境省の「日本の重要湿地500」にも選定されている山門《やまかど》湿原は、約4万年前に誕生した面積約6haの高層湿原で、泥炭層の深さは6mに達する。ミズゴケやミツガシワをはじめ、モウセンゴケ、ミミカキグサ、タヌキモなどの貧栄養植物が生育し、キンコウカ、サギソウ、トキソウなど25種類の貴重植物が生育している。

湿原の集水域とその周辺63・5haの森林は、1995年に林野庁の「日本の水源の森百選」に選定され、1996年には滋賀県によって公有化され、全域が保安林に指定されている。

木の実を観察しながら森を歩く人たち

この森はもともと地元の共有林で、昭和35年ごろまで薪炭林として伐採が繰り返されてきた。燃料革命を境に放置された後は、県内に広く分布するアカマツ―コナラ林に遷移が進みつつあるが、スギやヒノキの植林のほか、暖帯の萌芽林であるアカガシ林と温帯の極相林に近いブナ―ミズナラ林が成立しており、暖帯と温帯の植物が混在する珍しい森林となっている。この森の多様な生きものの営みに触れようと、年間約４０００人の人々が湿原を訪れている。

ゴルフ場開発から保全へ

１９８７年、周囲一体をゴルフ場として開発する計画が持ち上がり、湿原消滅の危機を迎えた。当時この湿原の総合調査にあたっていた藤本秀弘氏と私たちは、湿原の重要性を訴えてきた。

バブルの崩壊もあり、１９９６年にゴルフ場計画は消滅し、これを機に湿原は一気に保全・公開の方向へと向かった。しかし、単に公開し無秩序な利用が始まってしまえば、盗掘や立ち入りによって湿原が壊滅的なダメージを受けることが容易に想像された。

そこで私たちは、ハイキングコースやパンフレットなどの整備を行政と連携して進める一方で、一日も早い公開を望む行政を制し、保全の体制作りを

インタープリター（自然の案内人）体制による訪問者へのガイド

進めるための時間として1年を費やした。２００1年、湿原の重要性と保全の必要性を訴えるシンポジウムの開催をもって、湿原の賢明な利用体制がスタートした。

その結果、湿原の重要性は町内に広く知られ、地元集落と行政機関と私たち民間団体が連携しながら維持管理作業を進める体制が構築できた。土日祝日にはボランティアガイドがパトロールを兼ねて湿原に常駐し、環境学習やエコツーリズムに活用されている。県外からの訪問者も多いが、マナーはよく、リピーターも多い。当初懸念されていた公開による壊滅的な打撃はまぬかれ、湿原は自然のいとなみを営々と続けている。

保全を支える3つの柱

山門湿原の保全の体制がこのように整ってきたのは、3つの大きな柱となる活動が過去から現在まで一貫して続けられていることに背景がある。

1点目は、学術的な調査研究である。１９６４年の福井県の斎藤寛昭教諭による調査を皮切りに、藤本秀弘氏を中心とした山門湿原研究グループによる総合調査で本格化した。そのとき得られた知見が現在の保全活動のベースとなっている。近年では土木研究所による「地生態学」の調査研究にフィールドを提供しており、その成果は山門湿原の保全にも役立てられる予定であ

錦に彩られた晩秋の湿地ビオトープ

る。

2点目は、積極的な広報と交流である。ゴルフ場計画が消えた段階で、私たちは今後の保全と賢明な利用に向けて、関係者すべてがひとつのテーブルにつくようはたらきかけた。それが「山門水源の森連絡協議会」であり、県、町、地元生産組合、引き継ぐ会の4者から、各組織を代表する委員約20名が集う定期的な会議を開催できるようになったのである。

また、一般の人々や来訪者に向け、引き継ぐ会のホームページはリアルタイムに活動の様子を伝えており、エコツーリズム（来訪者への賢明な利用促進）の推進に寄与している。地元の人々もボランティアで保全活動に参画している。

そして3点目は、地道な維持管理作業である。貴重植物の盗難防止のパトロールや植生復元作業、ハイキングコースの修復、土砂流入のための土嚢積みなど多くの作業があるが、学術調査を通じて蓄積された知見と、日常的な相互連絡体制に支えられ、多くの人々の協力によってこうした地道な取り組みが進められている。

課題と展望

湿原は土砂の堆積によって乾燥化が急速に進みつつあり、植生の遷移をどうやって食い止めることができるかが大きな難題となっている。さらに、50年以上放置されてきたこの里山を、今後どのように維持管理していくべきかも重要な課題である。

また、隣接の敦賀にある中池見湿地は深い泥炭層を有する世界屈指の湿原であるが、国内には山門などのような小さな泥炭地は多くある。日本の泥炭地の目録を早く作り、お互いに手を携えて保全活動に取り組む必要性を痛感している。これほど多様な生物が生息し、自然の営みを伝えつづける空間でありながら、無用の土地として開発されつづけてきた空間。それは海では干潟であり、内陸部であれば泥炭地であろう。今こそ、泥炭湿地保全の重要性を、各地との連携を通じてアピールしていきたい。地球温暖化防止や生物多様性保全の観点からも、泥炭湿地の保全はこれからの時代における優先的な課題であるのだから。

21世紀の新しい湿原を有する里山保全のモデル事業になるよう、日々活動を継続していきたい。皆さんのご支援とご協力を、湿原は待っています。

初出『み〜な85号』2004年12月

なぜ今、里山を守るのか

里山の保全の重要性

「里山」は意外に新しい言葉

先日、講演の原稿を作成しながら、里山という言葉が意外に新しいものであることに気づいた。里山の定義を明確にしておこうと手元の国語辞典や広辞苑を引いたが出てこない。最近購入した電子辞書の広辞苑には「里山―人里近くにあって人々の生活に結びついた山・森林」と、1行だけ載っている。

私たちは里山という言葉になぜか哀愁を覚える。私は農家の生まれなので、幼い頃は野山をかけめぐり、夏ともなれば、近くの小川で毎日のように魚つかみに興じていた。たけのこ取り、まつたけ狩り、柴刈り（秋に落ち葉を集めること）、クワガタやカブトムシなどの昆虫採集、ホタルがりなどさまざまな思い出が、この言葉から蘇ってくるので、日本古来の言葉だと勘違いしていたのかもしれない。

ただ日本には昔から「裏山・奥山・里山」という地理的な感覚はあった。

人里近い場所にある里山は、しばらく前までは、人々のくらしのなかにも存在価値をもつ身近な存在だった

薪炭林や柴刈りの場所として人間と深く関わってきた里山だが、言葉自体は新しいもの、ということになる。そういえば、写真家として有名な大津市の今森光彦さんの『里山物語』が出版されたころから広く使われ出したように思うが、私にはよくわからない。

先日静岡市で行われたビオトープ関連の会合の席上、「里山」を英訳するとどういう単語が適切かという論議があったが、結論は出なかった。新和英辞典にも載っていない。武士を「SAMURAI」と言うように、里山も「SATOYAMA」で通さないと、この日本独特のイメージは正しく伝わらないかもしれない。

里山の大切さ

昭和40年ごろまで、県内には、人々の生活と密着した本当の里山があった。現在もたしかにそんな風景は残っているが、誰も訪れなければ、それはもはや放置された山だ。大切なのは、住んでいる人たちがどう関わっているかということなのだ。

ところで、なぜ今里山が見直されているのだろう。滋賀県では、30年近くかかって実施してきた琵琶湖総合開発の結果、びわ湖の水質と生きもの保全という点に課題が残ったため、今、全力でその対応にあたっている。生態系

高、中、低木などが共生する自然林は生きものの宝庫だ

保全のため、生きものがたくさん生息している場所は極力手を加えないこと、すでに生きものがいなくなってしまった場所については新しく作り直す、いわゆるビオトープづくりを行うという基本方針で対応している。今後10〜20年かけて、びわ湖の水質を昭和40年代の姿に戻そうという壮大な実験がおこなわれている。

この取り組みのなかで、動植物の宝庫であり、生きものの楽園である里山の保全も、大きなウエイトを占める必要がある。四季を通じて、さまざまな昆虫が飛び交い、野鳥が訪れ、すみ家としている大型哺乳類も少なくない。人間も、花に季節を感じ、生きものとの共生を喜ぶなかで、豊かな情操を自然に体得してきた。

びわ湖は最深100mの深さをもつが、一番大切な生命線は水深1〜2mの「水辺」である。びわ湖の生きもののほとんどが、卵を産み、新しい命を吹き返す場所が水際に集中している。琵琶湖総合開発は、結果的にこの聖域とも言える場所に多くの手を加えてしまった。

一方、陸上の生きものの宝庫は里山であろう。もちろん深い山々もそうだが、人々とのかかわりの強い空間となれば里山が一番すばらしい所である。残念ながら本県では、生きものの多い自然林が伐採され、単純な人工林に変わりつつある。このまま植林面積が増加していけば、やがて里山も植林化される運命にあることは明らかだ。なぜなら、今里山は地域の人々の意識の中

最近みかけなくなった
自然の小川

で、なつかしさはあれど、やっかい者扱いされているからである。里山は、世話を続けないと維持できない。放置すれば自然植生へと移り変わり、数百年後にはうっそうとした森に変わっていく仕組みになっている。

里山はだれが守るのか

里山が、その延長線上にある水田も含めて生きものの宝庫であり、大切に保全されなければならないことはわかっても、現在の国民の生活意識や、経済大国を維持しようとする日本の政治体制とそのシステムを考えると、それを実現させるのはなかなか難しい。人々はかつて、薪炭林として、また水田への田柴（雑木林の下草や小枝を水田の肥料として足で踏み入れた）を採取するなどの雑木林として里山を大切にしてきた。しかし燃料革命以後、生活と直結しなくなった里山は、人々の生活から遠い存在となってしまった。そして少しでも経済的価値のあるスギやヒノキの植林へとその姿を変えつつある。

一方、所有者が複雑で、山の境もわからなくなっている現状を打破するために新しく展開された「入会林整備事業」がこれに拍車をかけて、拡大造林をしやすくしている。ちょうど小さな水田がほ場整備事業によって整備されたように、里山も植林への道を歩む危険性が十分あるわけだ。

都会志向で、都市的公園を好む村の若い人々は、里山に魅力を感じなくなりつつある。ビオトープを目指す滋賀県は、生きものの宝庫である里山を、住民と一緒になって守っていく姿勢を貫かなくてはならない。県内の貴重な里山を早急に調査し、一定の維持管理をしていくための補助金や税制上の優遇措置をとるなどの対応をしない限り、里山の保全はますます難しくなっていくことだろう。

環境学習の取り組みも大切だ。地域の里山に目を向けることは、子どもたちの情操を育てる観点からも大きな意義がある。みんなで、里山を守るための英知を出し合っていきたい。そして、豊かな里山に誇りを感じる時代になってほしいものである。

初出『み～な62号』２０００年2月

古橋のオオサンショウウオを守る

古橋のオオサンショウウオ発見の経過

２００２年８月、大谷川上流における砂防ダム（堰堤）建設の計画段階で、大きなオオサンショウウオが村人によって発見された。ダム建設の流れは環境保全に向けて舵が切られ、県による本格的なモニタリング調査が実施された。調査は２０１３年度で終わったため、その後は守る会が保全活動を引き継ぐ形となっている。オオサンショウウオの発見から今日に至る14年間の経緯の要点は次の通りである。

①　モニタリング調査の結果、毎年新しいオオサンショウウオが見つかり、２０１３年までに50個体が確認された。その後守る会が新しく確認した個体数は30を越えているので、現在80個体以上が確認されていることになる。

（新しく見つかった個体にはチップを埋め込んでいるので、読み取り器

既設のコンクリート堰堤の中央部が切られて、これからスリットがはめられる（完成後、生きものはこのスリットを自由に通過できる）

で個体の判別ができる状況にしてある）

② 大きさはさまざまで、大きなものは90㎝近くあり、30〜40㎝の個体が多い。幼生も見つかっている。

③ 県は、オオサンショウウオを守るためにダムの新設は止め、すでにあるダムを改修してスリットをはめ込むというまったく新しい工法（穴あきダム）を採用した。この工事は２０１３年3月に完成した（砂防ダムの再利用という感じである）。

④ 工事は極めて慎重に行われ、工事期間中及び完了後においてもオオサンショウウオへの影響は皆無であった。

⑤ 今回の工事の中心となっている長浜土木事務所木之本支所は、村の中の落差工（堰堤）を魚道に切り替える作業を計画的に推進していて、村の中にアユやビワマスが遡上し、かつての川の賑わいが戻っている。すでに2つの落差工が全面魚道となり、さらに上流の2ヶ所についても魚道の設置が完了している。この事例は河川復元の原点であり、県内の他の多くの河川でも適用されることを願っている。

厳しい条例で守られている

オオサンショウウオは、文化財保護法によって昭和27年、国の天然記念物

大谷川上流での生きもの調査

に指定され、この法律によって厳しい規制を受けている。またワシントン条約でも輸出が禁止されている。さらに種の保存法や環境省のレッドリストでは準絶滅危惧種に、滋賀県では最高の絶滅危惧種に指定されている。

このように幾重にも法の網をかぶせて国や県の行政サイドでは保護に取り組んでいるが、民間の保護団体も全国的に保護活動を行っている。滋賀県の場合は、オオサンショウウオに関しては、過去に確認の記録がいくつかあるが、現在確認できるのは数カ所しかない。私が知っている保護団体としては、「NPO法人日本ハンザキ研究所」や三重県の川上川で取り組みをしている組織がある。みんなオオサンショウウオが大好きで、彼らが棲める環境を守る運動をおこなっていることが共通点だ。

オオサンショウウオってこんな生きもの

今まで謎の生きものだったが、最近の調査で少しずつ様子がわかってきた。

【名称】 標準和名はオオサンショウウオだが、ハンザキ、アンコ、ハダカスと呼ぶ地域もある。

【分布】 岐阜県以西の本州と四国、九州の一部に生息しており、分布の中心は中国地方。

【生育場所】 山地の河川上流域に生息し、終生水中で過ごす。水深の深さに

夜間調査で発見されたオオサンショウウオ

関わらず見つかる。

【行動】 夜行性で、日没後、活動が活発になり、エサを求めて川の中を徘徊する。まれに日中でも見られる。

【食性】 エサは小魚が主で、頭を下流に向け、魚が目の前に来るのを待ちかまえる「待ち伏せ型」の補食である。魚のほかにサワガニやカエルなど、口の前に来たものは何でも食べる。

【特徴】 平均体長50～60㎝と大きく、なかには1ｍを超えるものもいる。体の背面は暗褐色で不規則な黒っぽい斑紋がある。皮膚はしわやイボが多いような感じで、胴の側面は厚いヒダ状になって連なっている。扁平な大きな頭とよく発達した尻尾を持ち、目は非常に小さい。口は大きく裂けており、歯は小さいが鋭く切れるので注意が必要。小さな幼生は体が黒いので、他のサンショウウオやイモリと区別できる。

【繁殖】 産卵の時期は8月下旬から9月下旬にかけて。川を遡ったオスが産卵に適した巣穴を確保し、続いてメスが入って産卵が行われる。1尾のメスが500～700粒の卵を産み、オスが巣穴に残ってふ化するまで卵を守る。

【成長】 卵は約50日でふ化し、その後親に守られて巣穴の中で成長する。翌年1月から2月ごろ、4～5㎝に成長すると、巣穴から出て川へと散っていく。30㎝ぐらいの大きさになるのに、5～6年かかるとされている。

全国オオサンショウウオの会・桑原会長の挨拶

全国大会を終えて

長浜市木之本町古橋の集落の中を流れる大谷川に、国の天然記念物であるオオサンショウウオがたくさん生息していることは、多くの人が知るようになってきた。

「第15回日本オオサンショウウオの会　長浜大会」(全国大会)は、2018年10月6日(土)～7日(日)の2日間、長浜バイオ大学を会場として開催し、参加者は過去最高の約700名を数え、成功裡に幕を閉じた。滋賀県では初めての全国大会で、手探りの準備であったが、無事に終えることができたことに感謝している。

全国大会には、オオサンショウウオの研究者、ファンやマニア、及び保護活動に力を入れている人など様々な人が集まり、研究発表や実践報告、提案などが自由に発表できるようになっている。大学などの専門家にまじって小学生や親子の発表などもありユニークな発表会である。

長浜市大会の1日目は長浜バイオ大学での開会式の後、びわ湖の生態系の基調講演があった。続いて地元の高時小学校4年生の日頃の保全活動の発表があり、参加者の関心を集めた。続いて、長浜バイオ大学の水戸さんから滋賀のオオサンショウウオの現状について、小松さんから大谷川のオオサン

高時小学校4年生の発表

ショウウオのＤＮＡ鑑定の結果、在来種であることなどの発表がなされた。

その後も全国各地の発表が続き、夕方６時頃から現地に移動し、大谷川に入ってオオサンショウウオの夜間調査を実施した。事前に申し込んでいた人が参加し、その日は３匹のオオサンショウウオが観察でき歓声が上がった。その後、北近江の湯のレストランで懇親会がもたれ、１日目の行事は終わった。

長浜バイオ大学内では、地元の観光物産品やオオサンショウウオに関するグッズが販売され、多くの人でにぎわっていた。また、生きたオオサンショウウオの展示もあり、水槽の周りには多くの人が集まっていた。

２日目は、高時小学校の体育館で発表会、中庭のテントの中で特産物やグッズの販売がおこなわれた。発表会の前に、外来生物に関する環境省の基調講演があり、続いて地元の発表が２つあった。ひとつは、長浜土木事務所木之本支所による、大谷川における生きものに配慮した魚道設置の報告、続いて長浜バイオ大学生による5年間の大谷川の生きもの調査の報告であった。その後全国各地からの報告が続いた。

各地からの発表は12時半ごろに終了し、次期開催地（岡山県真庭市）の歓迎の挨拶をもって大会は終了した。昼食後、希望者は、オオサンショウウオの生息する大谷川を中心とした古橋地区のフィールドワークに参加し、午後３時解散となった。

大会ポスター

初めての取り組みで大変であったが、長浜市（歴史遺産課）の全面的な協力と長浜バイオ大学など多くの関係機関のご協力によって、大成功の内に終了した。ご尽力いただいた皆さんに感謝申し上げたい。今後は「滋賀のオオサンショウウオを守る会」が中心となって、大谷川を含めて県内のオオサンショウウオの保全に力を入れていく予定である。

初出『み～な109号』2011年1月
初出『み～な130号』2017年2月
初出『み～な137号』2019年4月

残雪に映える中河内のユキツバキとザゼンソウ群落

天然記念物に指定された理由と保全の重要性

福井県との県境に位置する余呉町中河内に、春の訪れは遅い。最近は暖冬で、3月末ともなれば平地の雪は消え早春の野の花が見られるが、中河内にはまだ雪があり、余呉のスキー場はにぎわっている。

ユキツバキとザゼンソウは、そんな残雪の中に咲いているのが一番きれいだと私は思っている。県内では、高島市今津のザゼンソウ群落が有名で観光地とさえなっているが、残雪の中にひっそりと咲くユキツバキやザゼンソウが見られる地域は限定されている。なかでも人家近くで気楽に見られる場所は中河内のみで、知る人ぞ知る静かなブームとなりつつある。

旧中河内小学校の運動場の南を川が流れている。その対岸の野神の湿地にザゼンソウ群落がある。ここの群落は早くから知られており、訪れる人も多い。ユキツバキについては後述するが、平地のヤブツバキとの区別が難しいのか、どこにあるのかわからないまま帰る人も多い。

２０００年３月10日、滋賀県は新たにユキツバキとザゼンソウをひとつの群落地として天然記念物に指定した。場所は前述の野神の湿地と、南から中

ユキツバキ（撮影／高橋敏治氏）

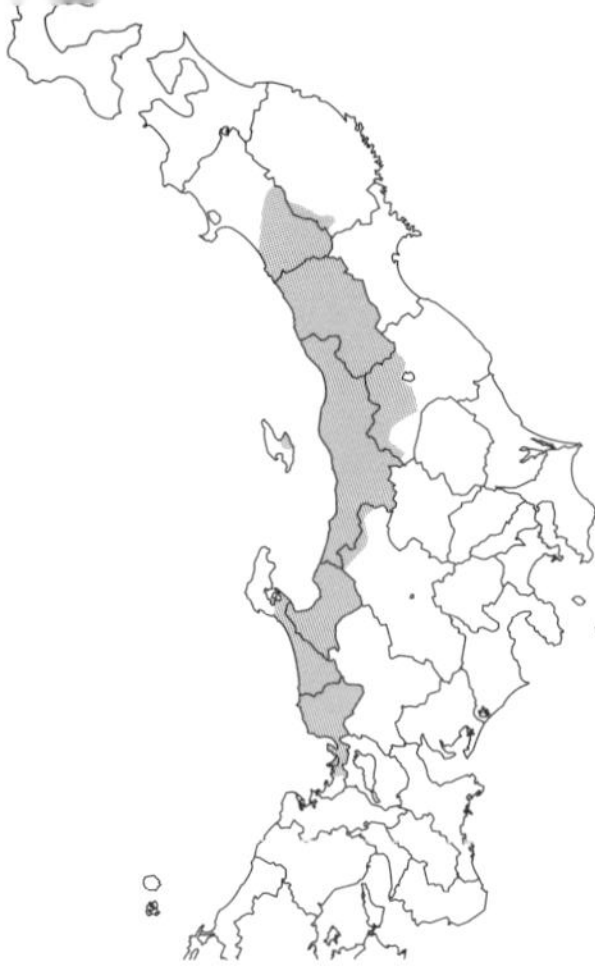
ユキツバキの分布

河内の集落に入ってすぐ左手にある廣峯神社の境内裏側の2ヶ所である。ともに当初は立派な木製の観察路も整備されたが、今は木製の為朽ちてきて危険なところもある。

ユキツバキ（雪椿）

動植物が自然環境に適応しながら生きていることはよく知られているが、まさにこの植物はその代表選手といえよう。

ユキツバキは積雪が1・5m以上の地域に分布し、樹高が3mを超えることはない。幹はヤブツバキのようにまっすぐには立たず、地表近くをはうように成長する。また枝は雪の重さで簡単に折れないようになっている。これらの特徴は、ユキツバキが豪雪の中でも生きられる方法を持ち合わせていることを示している。その他ヤブツバキと違う特徴は次の通りである。

葉は薄く鋸歯が鋭い。葉柄は短くて毛がある。花びらは普通のツバキのような筒型ではなく、サザンカのように開く。おしべは筒状で根元まで深く裂けている。果実は普通のツバキのように球形にはならず細長い。ひとつの果実の中に成熟する種子の数は1〜2個と少ない（ヤブツバキは1〜9個）。

なお、ユキツバキにはヤブツバキとの中間種も見られ、これをユキバタツバキ（雪端椿）と呼んでいるが、素人では区別は難しい。

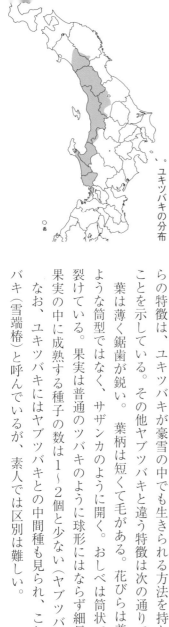

余呉町内におけるこれらの分布を調べた立花吉茂氏によると、ヤブツバキは平地に広く分布するが、ユキツバキの領域は椿坂峠より北で、丹生渓谷は中間種のユキバタツバキが広く分布するとしている(図1)。

しかし、私の調査では、針川の裏山でユキツバキの存在を確認しているほか、中河内の領域のすべてのツバキがユキツバキではなく、中間のユキバタツバキも混在しており、明確で正確な線引きは難しいと考えている。

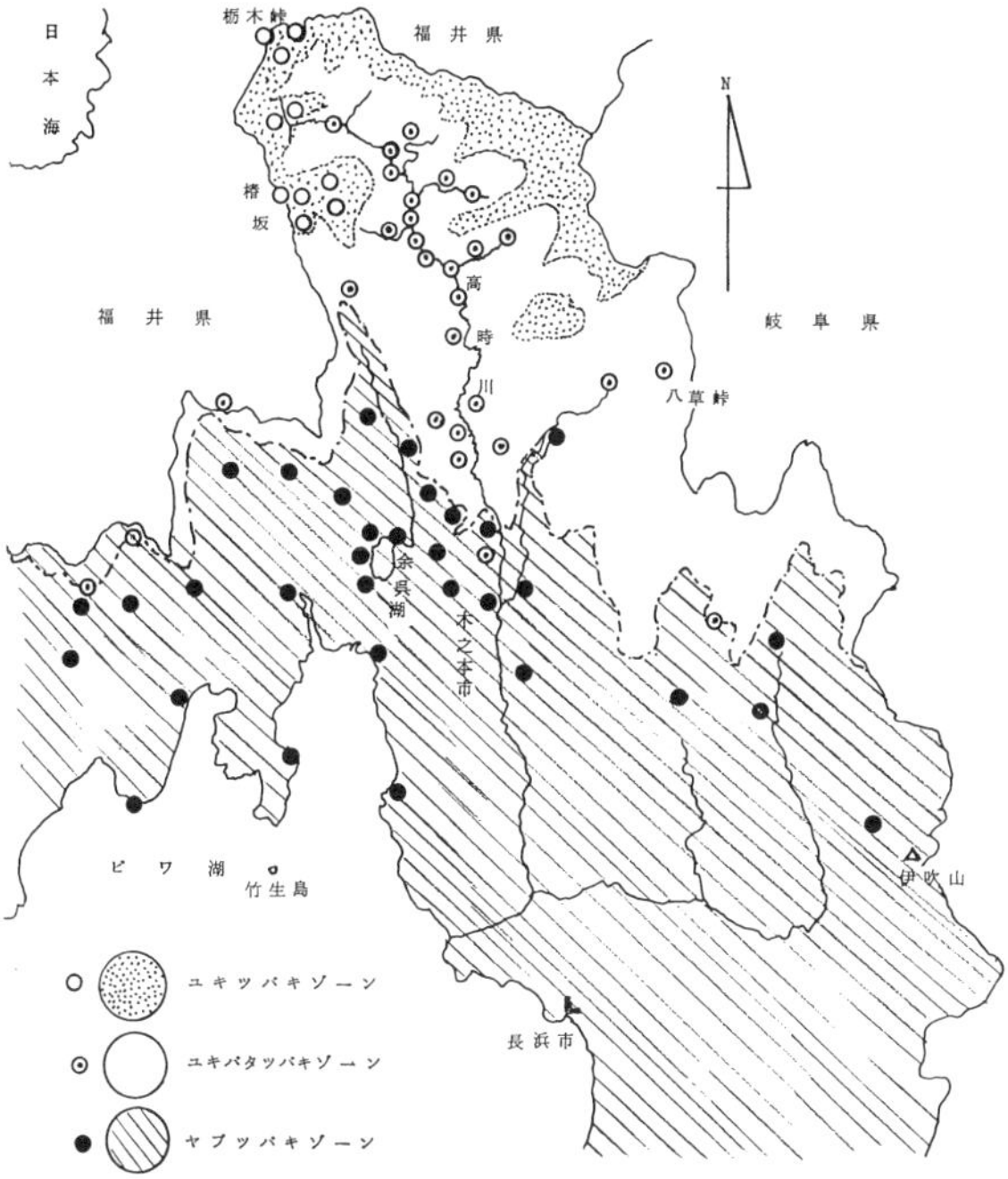

図1　湖北地方の野生ツバキの分布図(1979, 立花)

いずれにしても、豪雪地帯であるが故に生育できる植物であり、温暖化が進み中河内の積雪が少なくなっていけば、長い年月の後には姿を消してしまう運命にある。今、中河内のユキツバキは、日本の南限という分布上極めて重要な植物である。大切に保護していきたい。なお、観察に適した時期は、4月中旬から5月上旬である。

ザゼンソウ(座禅草)

かつて椿坂峠以北の湿地にはどこにでも見られ、中河内の人にとって決して珍しい植物ではなかったザゼ

ザゼンソウ（撮影／布施義明氏）

ンソウだが、圃場整備や河川改修などの開発事業によって、生育地が限られるようになってきた。今回県が指定したのは廣峯神社裏の湿地と、元小学校跡地の南側で川の対岸に広がる湿地の2ヶ所で観察地としては適している。いずれも保護がいきわたっているので消滅する心配はないが、観察路は壊れている。

ザゼンソウは北海道から本州にかけて広く分布するが、日本海性の植物で山地の湿地を好む。花の形が僧侶が座禅を組む姿に見えることからこの名がついた。サトイモ科の仲間で、花の形が変わっているほか、花の臭いにも特徴があり、それを良くいう人はいない。悪臭を放つのである。どんな臭いかは、ぜひ一度鼻を近づけて体験してほしい。英語ではそのものずばり「スカンクキャベツ」と、かわいそうな名前がつけられている。また別名ダルマソウ（達磨草）ともいう。

かつては4月末が見ごろであったが、最近は雪が少なく3月末から4月中ごろが見ごろとなりつつある。しかし、雪の量によって観察のタイミングはずれてくる。

この植物が発熱のメカニズムを持っていることはあまり知られていない。開花する時に発熱が起こり、25℃まで上昇するしくみをもっているのである。それは、氷雪を溶かしていち早く顔を出し、数少ない昆虫をにおいと熱で呼び寄せて受粉しやすくするためではないかと考えられている。葉は花の後に成長し、夏ともなると大きな葉を一斉に広げるので、サトイモ畑のようになる。

中河内の2ヶ所の観察地は共に神社の境内であり、地元の人がここに足を踏み入れることは基本的になかったので、今まで保護されてきた。それは、日本の村々の神社に過去の植物が残っているのと同じ理由である。人々はそのような森を「ふるさとの森」と呼んでいる。

この2種類の植物は、地域の人々によって守られてきたものである。貴重な群落地として天然記念物に指定されている現在、絶滅の危険性は少ないが、湿地の乾燥化や気温の上昇などによって生育は難しくなっていくことが予想される。今後も注視していきたいと考えている。

《参考文献》

『余呉町史通史編』上巻「自然の姿」(村上宣雄)
『滋賀県で大切にすべき野生生物』(滋賀県)
『椿』第20号「近畿の野生ツバキの調査」(立花吉茂　日本ツバキ協会)

初出『み〜な98号』２００８年３月

第4章　生きものが危ない

今、滋賀の生きものが危ない！

危険率の高い両生類と魚類

滋賀県自然保護課から「大切にすべき野生生物—2000年版」が発刊された。いわゆるレッドデータの滋賀県版で、その内容は、植物・ほ乳類・魚類・両生類・は虫類・昆虫類・魚類・貝類・その他の脊椎動物・菌類の10のカテゴリーに分類されている。またコンピュータでの検索がしやすいようにCD—ROMもセットされており、写真や地図も豊富で大変わかりやすくなっている。

この冊子には1077種類の「大切な生きもの」が指定されている。1000種を越える生物が危険な状況下にあることになるが、この中には、すでに絶滅したもの、今後滋賀県から消えていく可能性の高いもの、さらに

滋賀県のレッドデータはその後も5年ごとに改定作業が行われ、書店で販売されている。

は現存しているが、分布が限られており大切にする必要のあるものなど、いろいろな視点から選ばれたものが含まれている。

リストを見てみると、魚類においては、県内に生息する75種類の中から60種類が指定されている。県内の魚類の大半が危機にさらされていることになる。鳥類に関しては、同じく約２７０種類の約55％にあたる１５０種が、またヘビやトカゲなどのは虫類については15種類の63％近い10種類が指定されている。両生類は21種類のほぼ全部が指定されており、県内のカエルやイモリの仲間はすべて大切にしなくてはならないことになる。

一方、指定の多さのトップは植物であり、今回５３３種類が指定されている（現在滋賀県の高等植物は２５００種類であるから、指定率は24％）。こうして見ていくと、予想以上に多くの生きものが危険な状況下にあることがわかる。

滋賀県にもカワウソがすんでいた！

次に24種類の絶滅種と、89種類の絶滅危惧種を見てみよう。

絶滅してしまった生きもの

かつては滋賀県に生息していたが、過去50年間、だれも見ることがなく、絶滅した生きもの24種類がリストアップされている。大半は植物であるが、魚類とほ乳類にそれぞれ2種類が含まれている。魚類はニッポンバラタナゴとイタセンバラ、ほ乳類はオオカミとカワウソだが、カワウソは１９４０年頃から姿を消してしまった。

植物に関しては、ヤマユリ・デンジソウ・ゴマクサ・オオダイトウヒレンなど20種類がリストアップされているが、ほとんど私も見たことのない植物である。

絶滅危惧種

絶滅危惧種とは、現在の生育環境が改善されないならば、やがて県内から姿を消していくという危険度の極めて高い生きもので、今回89種類が挙げられている。

植物ではオニバス・クマガイソウ・サワラン・シラン・フウラン・ハマエンドウ、動物では、ヤマネやコウモリの仲間・イヌワシ・クマタカ・オオサンショウウオ・シロイシガメ・ベッコウトンボ・ハリヨ・スナヤツメ・メダカ・イチモンジタナゴ・ヤリタナゴ・イケチョウガイなどが含まれており、よく知られているものが多い。

特に魚類は9種類も含まれていることから、びわ湖を含め河川の開発事業が、いかに生きものに大きなダメージを与えたかが分かる。しかもこれらは何らかの改善対策を打たない限り、絶滅する運命にあると警告している。例えばイチモンジタナゴについては、1991年ごろまでは、私の近くの余呉湖にいくらでも生息していた。しかし現在その姿を見るのは難しい。清流を好む水草のバイカモも、余呉川から姿を消し、現在の分布地は醒ケ井の他、数ヶ所に限定されている。開発事業で話題となっている猛禽類のイヌワシ・クマタカも、これ以上の開発行為が続けば絶滅の危険度はますます高くなっていくのである。

地域で守ることの重要さ

ところで、本来こうした作業は10年も20年も前に終えておく必要があったと思われるが、当時は十分な調査資料もなく、止むをえなかった面もある。今回のリストアップは、種類の少ない分野はともかく、植物や昆虫のように数千種類について一つひとつの種を検討していく作業は大変であった。私は植物の作業にメンバーの一人として携わってきたが、予想以上の時間を費やした。

このようにして発刊された報告書は、本県の自然環境の保全のために最大限活用されなくてはならない。県内で実施される事業に対する環境アセスメントにおいては、この新しい基準が適応されることになる。今回リストアッ

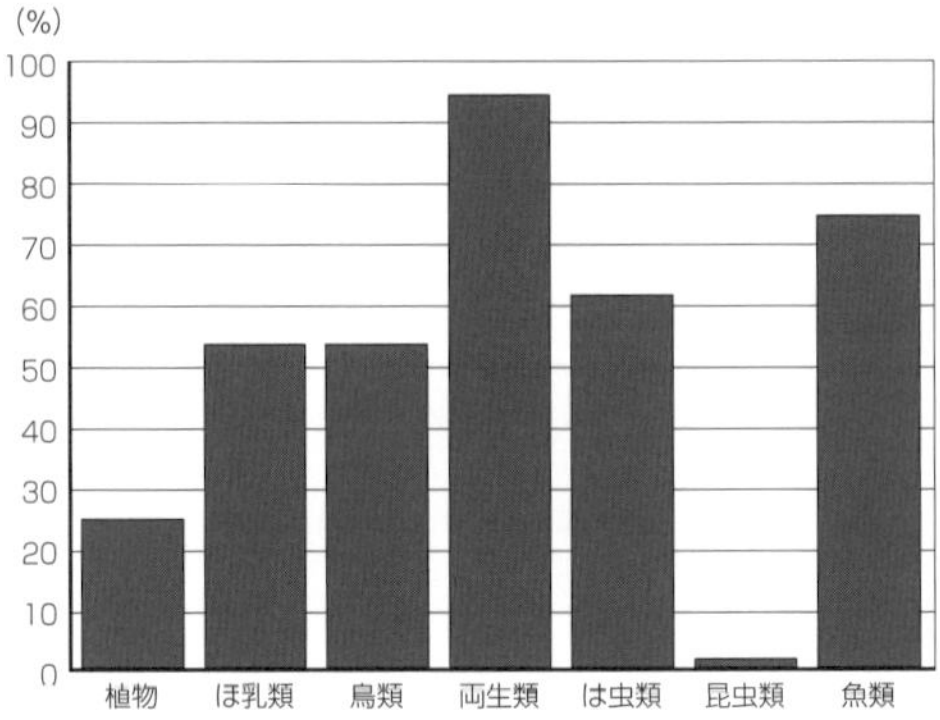

滋賀県内に生息する各生物において
「大切にすべき生きもの」が占める割合

プされた生きものが見つかった場合には、何らかの具体的な保全対策を示し、対応しなくてはならないことになっている。しかし、今やっとリストが完成した段階で、今後どのように保全するかという具体的な方策についてはこれからである。

　これらのリストの中には、人々の生活とは関係のないものもあるが、貴重であるが故に何とか手に入れたいと思う人もいる。たとえば、植物のランの仲間や魚のタナゴの仲間については、のどから手の出るほど欲しがっている人も多い。生きものを守るためには、どこに何がいるのかを多くの人が知り、みんなで保全に取り組むことが望ましいが、全ての人が清い心を持っているわけではなく、盗掘や密漁などによってこれらの貴重な生きものが姿を消していく例は後を絶たない。

　今、豊かな自然環境が残る地域の価値が見直されている。貴重な生きものが生息していることは地域の誇りであり、保全への取り組みは人々の善意と地域の団結力と実践活動によってのみ推進される。見方を変えれば、不正行為を排除し、生きものを守ることは、種の保全という目的だけでなく、地域の人々のネットワークを構築し、好ましい人間関係を保つことにつながるのである。

《参考文献》

『滋賀県で大切にすべき野生生物（２０００年版）』滋賀県自然保護課
２０００年８月

初出『み～な67号』２００１年２月

ブナ林保全の必要性

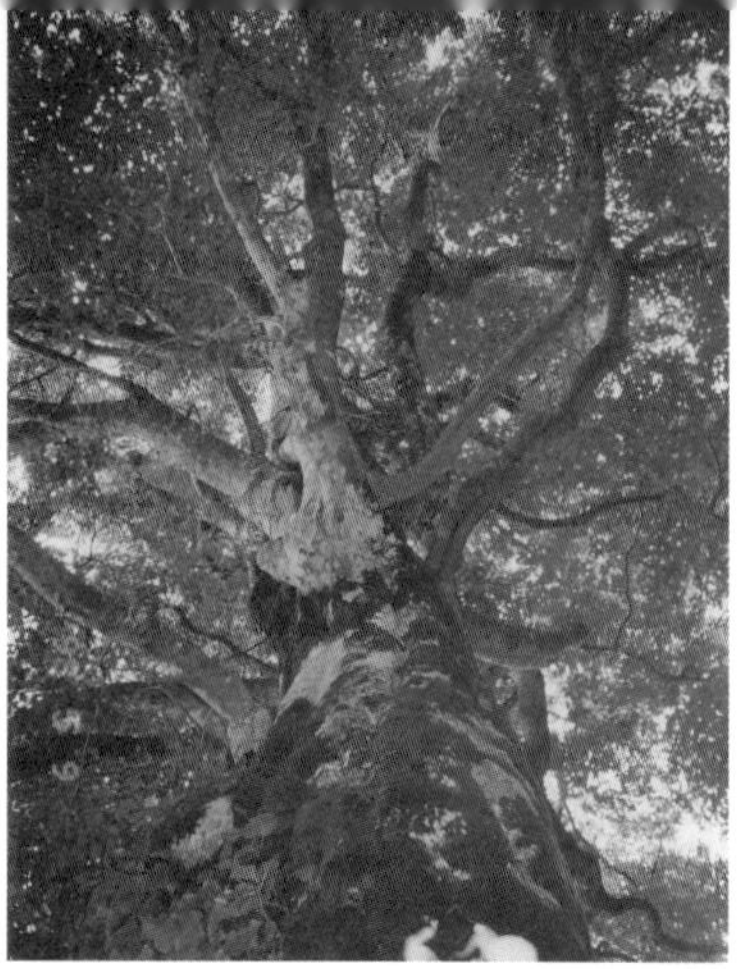

ブナの大樹
（余呉町針川）

ブナを守る運動

ブナの原生林である白神山地（秋田県）を保全する運動が展開されていた頃、私も本県のブナ林の保全を強く主張していた。約40年前のことになるが、ブナを守る運動は、日本の自然保護運動の大きなうねりの一つであった。私の本箱にはこの関連の本が多いが、なかでも『ブナを守る―鳥海山と白神山地からの報告―』（秋田書房）は、具体的な運動の記録が記載されていてわかりやすい。

日本の自然保護活動は、住民の粘り強い運動によって達成されているケースが多い。白神山地の場合も、天然のブナ林に林道を作るという計画が県から提示された時点で問題が浮上し、反対運動が起きたのである。全国的なブナ林保全の動きによって林道開発計画は中止され、その後、世界遺産として永久に保全されることになった。

今も干潟、里山、絶滅危惧種など、保全すべき対象はあげればきりがないほど多いが、過去のように反対運動を強烈にすすめなくても、自然保護運動はきわめてやりやすくなってきているように思われる。なぜなら、ここ数年の間に行政サイドの姿勢が大きく様変わりしているからである。

特に「環境県」である滋賀県はずいぶん柔軟になっている。従来見られたような「対立」の姿勢ではなく、ともに共通点を模索して、一歩でも保全に近づく取り組みを県民と一緒に（県民の力を借りて）行おうという姿勢が見られるようになった。また、「県民と業者（企業）と県がフレンドリーな関係を構築し、ともに力をあわせて環境保全に立ち向かおう」という呼びかけが、県のサイドから流れてくるようにもなってきた。県民の環境保全の意識を高めようとする行政の取り組みに、かえって県民が十分対応できない現象も起きているほどである。

具体的な個々の問題がすべてスムーズに解決に向かうとは思われないが、環境保全運動が大変しやすい時代になったのは、以前と比較すれば大きな変化である。

「ふるさとの森」の大切さ

日本の植生が、暖かい地域と寒い地域とに大きく2分されることはよく知られている。この2つは気温に大きく左右されており、年間の平均気温が摂

アカガシの分布

ブナの分布

氏13度より高い地域は暖かい植物の世界に、逆の場合は寒い世界に属することが分かっている。

日本の中央に位置する滋賀県はどちらの地域にも含まれるので、見られる植物の種類も多く、それにともなって動物の種類も多い。さらにびわ湖という日本一大きな湖を保有している。まさに本県は生きものの宝庫といえよう。

ブナは寒い所を好む落葉広葉樹の代表的な植物である。本県でブナを見るには湖北地方にやってくるか、湖南地方なら海抜８００ｍ以上の所に行かないといけない。余呉町では、海抜２００ｍの低地の裏山にもブナ林が見られる。

逆に常緑広葉樹のシイやカシは暖かい所の代表種で、当然平地に多い。しかし、平地はどんどん開発が進み、シイやカシで覆われた森を見るのも難しくなってきている。大津市では三井寺や石山寺、近江神宮など、昔から人の手がほとんど入っていない場所に残されている。各集落の氏神を祀った神社にも、必ずシイやカシの仲間の樹木が見られるはずである。これを私たちは「ふるさとの森」と呼んでいる。現在、水田や畑、家やお店、工場のある所も、かつては、近くの神社に見られるような植物で覆われていた。私たちの先祖はそこに手を加えて、村をつくり畑や水田に変えていったのである。

私たちは村の神社仏閣に見られる常緑広葉樹を調査することによって、その村や町の大昔の植物の世界を読み取ることができる。まさに「生きた化石」と言えるのである。

ブナ林を調査する著者

地域の植生を調査研究しようとすれば、まず最初に神社仏閣の植生調査を必ず行うのはそのためである。この調査によってその集落の昔の自然植生の様子を探ることが可能なのである。

ブナも寒い所では「ふるさとの森」

寒い所の植物であるブナは、秋田県や新潟県では裏山に多く見られ「ふるさとの森」となっている。滋賀県では海抜の高い所にしかないため、人々にはなじみも少なく「ふるさとの森」とは思いにくい。しかし余呉町の鷲見や中河内の人にとってブナはまさに「ふるさとの森」なのである。

暖かい所の常緑広葉樹林は冬も葉を落とさないので、年間を通じてうっそうとしているが、ブナは落葉樹なので新緑と紅葉の美しさはいうに及ばず、多くの植物が混生し、四季を通じて飽きることのない景観をつくっている。植物が多様なだけに、そこにすむ動物も多種である。また日本のブナ林にはササが多く、ツキノワグマなどの大型動物にとっては身を隠せる絶好の棲息環境になっている。

ところが、こうしたブナ林は経済的価値がないというだけで、すでにその多くが伐採され、スギ等の植林地に変わりつつある。日本の林業の失策のひとつである。

ブナ林は「天然のダム」といわれるように、多くの水を地下に蓄えることができる。だから、大雨による鉄砲水の心配もなく、防雪効果も期待できる。また、人工的なスギ林とは比べものにならないほど多様で安定した林をつくる。そこに育つ植物、住む動物の種類も決まってきて、ブナ林特有の生物環境となっている。ブナ林がなくなれば、そこにしか住めない生物が絶滅の危機にさらされるわけだ。

このように、現在のブナ林には縄文時代以前からの姿が引き継がれており、貴重な自然、文化遺産といえる。今私たちはブナ林の重要性を再認識し、力を合わせて残されたブナ林を保全するよう、努力していかなければならない。

初出『み～な64号』2000年6月

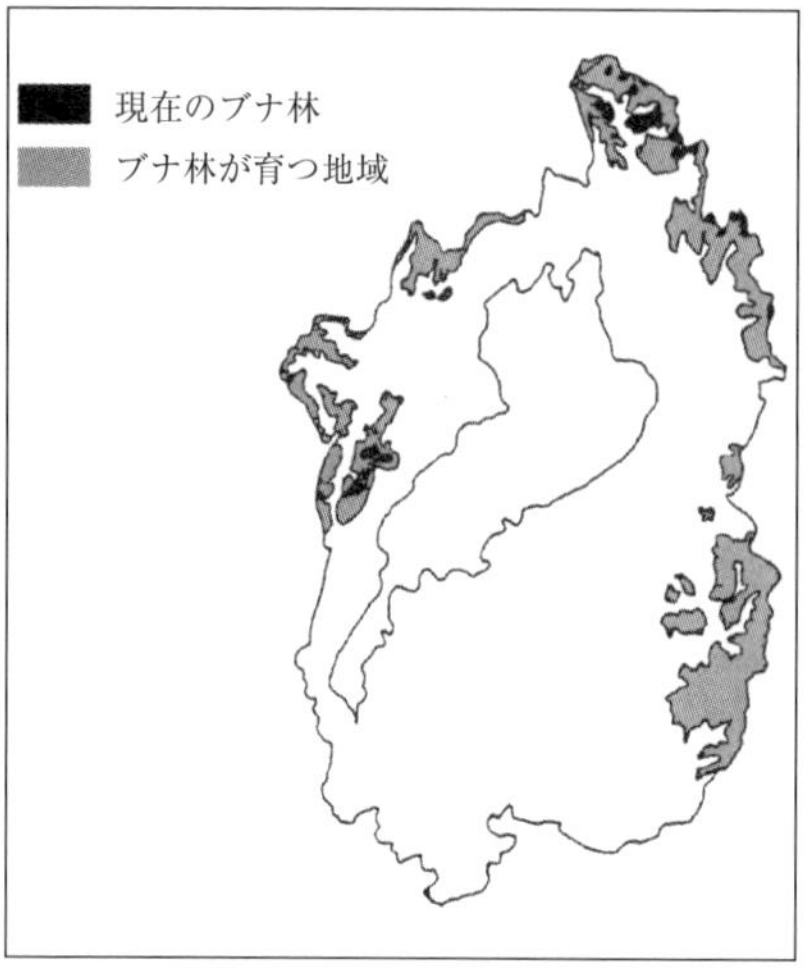

滋賀県内のブナ林分布
『滋賀県の自然保護に関する調査報告』滋賀県，1972より

ニホンツキノワグマ（写真提供／玉谷宏夫氏）

滋賀県の大型哺乳類の実態

滋賀県は、県内の大切にすべき野生生物の実態調査を1997年から3年がかりで実施した。しかし、大型哺乳類については調査研究も少なく、その実態が未だ正確には把握されていない。そのため、具体的な保全対策が打ちにくい状況下にある。

一方、最近はクマの出没が増え、林業への被害も広がっており、イノシシやニホンザルと同様、クマの有害駆除地域が拡大しかねない状況にある。県内では、ニホンジカによる樹木等への新たな被害も発生しており、彼らの正確な生息実態や被害状況、さらには原因の究明などが急がれる。現在は、いずれも場当たり的な対策しかできていないのが実情である。

ツキノワグマ入門　その1―クマの仲間たち―

現在日本には、ツキノワグマとヒグマの2種類が棲息していることはよく知られているが、私達の身の回りで話題になるクマは「ツキノワグマ」である。立ち上がった時など、胸に三日月の形をした白い輪の模様が見られることからその名がついた（模様のないクマもいる）。本州・四国・九州に分布し、北海道にはいない（九州では、すでに絶滅したとの情報もある）。

肉食動物に分類されてはいるが、植物も食べる雑食で、他の動物を捕食することはほとんどない。またヒグマと違い、どちらかといえばおとなしい性格の動物といえる。

最近は山の奥地まで林道がついて、クマの生息環境に人が出入りするようになってきた。そのため、人と接触する機会の増えたツキノワグマが、有害駆除として射殺されるケースが多い。

一方ヒグマは北海道にのみ分布するクマで、ツキノワグマよりも性格は荒く、時に人を襲うこともある。

現在世界には、北半球を中心に7種のクマの仲間が棲息しているが、その中でもツキノワグマは小型のクマで、アジアからロシアにかけて広く分布している。

ツキノワグマ入門　その2—冬ごもりと子育て—

クマが冬眠することはよく知られている。秋の間に大量のえさを摂り、寒くなると樹木や石などの洞穴のなかで、じっと冬ごもりをする。動かず眠っているだけなので、何も食べなくても生きられるしくみになっている。

春になって冬眠からさめたツキノワグマは、ブナやミズナラなどの木に登り、一生懸命、手足で枝をたぐり寄せて新芽や花などを食べる。地上では、フキやアザミなどの新芽が彼らにはご馳走である。夏場は、アリやハチなど、昆虫の仲間を食べることもある。特に蜂蜜は大好物である。秋から冬にかけては、ブナやミズナラなどのドングリが貴重な食べ物となる。

あれだけの大きな体であるから、1日に食べる量も多い。冬の積雪量とともに、これらの実が豊作か不作であるかは、彼らに大きな影響を与える。とにかく、エリア内にブナやミズナラなどのドングリが大量にあることが彼らの生き残る絶対条件と言えるのである。

尚、交尾は6～8月ごろで、出産は冬ごもりの途中（1～2月）におこなわれる。なぜ雪の降る寒い季節に、しかも何も食べない冬ごもりの最中に、出産と子育てを行うのか、それは不明である。ただはっきりしているのは、赤ちゃんの大きさは人間の10分の1程度の200～300gで、身長も15㎝

程度であること、普通2匹生まれるケースが多く、母親の乳を飲んで育つということである。

滋賀県のツキノワグマの実態

県内のツキノワグマの分布域は概ね図1の通りである。これは、40年以上も前になるが、環境庁の依頼を受け、多くの人々の協力を得て調査を行い、私の手元でまとめたものである（1978年環境庁発表）。この図から明らかなように、本県でツキノワグマが生育している地域は、湖北の伊香郡から高島郡に限定されている。

それからの新しい正確な分布図は出ていないが、湖東の鈴鹿山脈にも生息している情報もあり、2000年に県が発表したツキノワグマの分布想定図は図2の通りであるが、正確な調査が急がれるところである。現在京都大学の高柳敦先生や愛知県立鳴海高校の名和明先生らが調査を続けているので、ここ数年以内にその成果が発表されるであろう。湖北では長浜の藤田敏雄氏が、10年間にわたって湖北の大型動物の追跡調査を継続しており、貴重な資料が得られつつある。

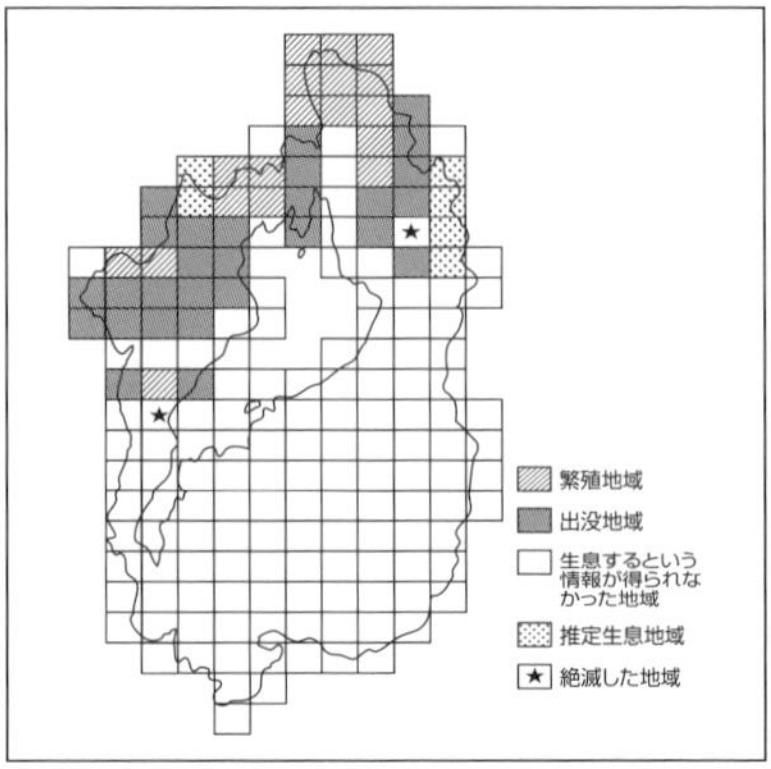

図1　滋賀県におけるツキノワグマの分布図（1979年　環境庁　自然保全調査）

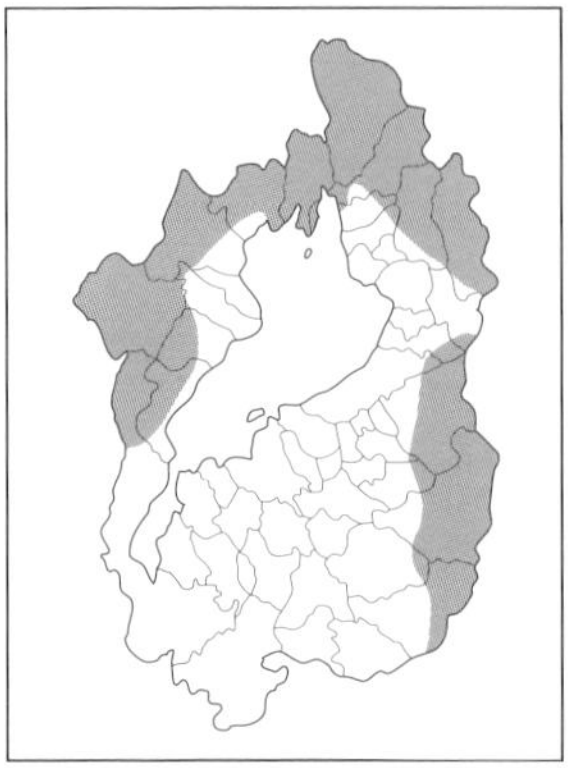
図2　ツキノワグマの分布想定図（2000年　滋賀県）

追われているツキノワグマ

ツキノワグマの棲息する環境には、ブナやミズナラなどの落葉樹が不可欠であることはすでに述べた。しかし、ここ30〜40年の間に湖北のブナやミズナラ林は、県や造林公社によってその多くが伐採され、スギの拡大造林に替わってしまった。ツキノワグマに必要なドングリなどのエサがなくなれば、かれらが里山に降りてくるのは至極当然である。それでもなお、人は奥地の開発を続けようとする。

「自然と人間の共存」というきれいな言葉が飛び交っているが、現実はかれらを追い詰める結果にしかなっていない。今かれらを絶滅から守る方法は、その聖域に手をつけずそのまま残すだけでは危うい。現状のまま放置すれば、滋賀県からツキノワグマが消える日は確実にやってくる。

《参考文献》

『ツキノワグマ』宮尾嶽雄（信濃毎日新聞社）
『滋賀県で大切にすべき野生生物２０００年版』（滋賀県）
『自然環境保全調査報告書１９７８年』（環境庁）

初出『み〜な72号』２００２年2月

マツ枯れ

湖北地方に広がっているマツ枯れ（米原市日撫山）

マツ林は滋賀県トップの面積

アカマツ林は滋賀県の森林面積の約40％で、本県を代表する森林である。本県の森林を長年調査してきた私にとって、最近のアカマツの枯れていく姿は心痛む現象である。

マツ枯れは、ここ数年の間に湖北地方にも広がってきた。あれよあれよという間にアカマツは枯れていき、特に早春の時期、その姿は痛々しい。

マツ林は、明るくて気持ちのよい林である。他の森林と同じように、林の中は4階建ての構造になっている。

1番上は当然アカマツである。その下層に、コナラ・アラカシ・タカノツメ・リョウブなどの亜高木層がある。2階にはヒサカキ・コバノミツバツツジなどのツツジの仲間や、ソヨゴ・クロモジが茂り、さらに1階にはコシダやヤマツツジ・イヌツゲなどがよく目につく。

マツ林の中に生えている植物の種類は、そのアカマツ林が県内のどこにあるのか、また、そこがやせた山か肥えた山であるかによって、大きく異なる。大津の田上山や希望ケ丘一帯に広がるマツ林は、土質が花崗岩であるためにやせていて、禿げ山で植物も少ない。それに比べて、湖北地方などの古生層からなる地域では、多くの植物が混じり、１００㎡あたり40種類近い植物が生えている。

コナラの林とアカマツ林はよく似ている

カブトムシやクワガタが好む「どんぐり」のなるコナラの林も、明るくて健康的である。しかしおもしろいことに、コナラ林に生えている植物をよく調べてみると、林の中はアカマツ林とほとんど変わらない。高木がアカマツであるかコナラであるかの違いだけである。それは、「同じ環境には同じ植物が生育する」という植物生態の基本に立って考えれば、アカマツ林とコナラ林はほとんど同じ環境に成立することを示している。

滋賀県内を広く調査してわかったことは、アカマツはどちらかといえば山の尾根部など、乾燥した養分の少ない所を好み、コナラは山麓部など落ち葉が多く、やや水分の多いところを好む傾向があることである。

米原や長浜から伊吹山に向かって車を走らせると、アカマツ林は減って、

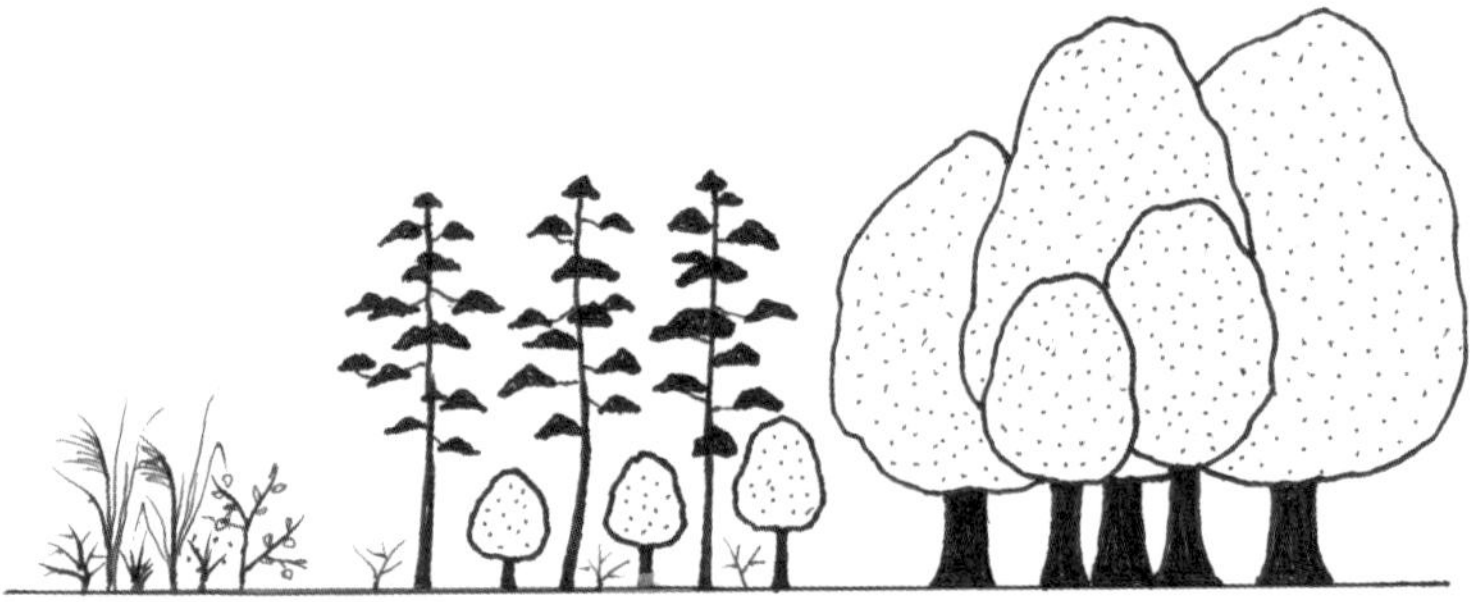

群落の移り変わり

コナラに似た落葉広葉樹で覆われた景観が目に入ってくる。これはコナラ林ではなく、石灰岩地を好むアベマキ林である。この林に入ればマツ枯れはほとんど見られない。

かつて滋賀県にはアカマツ林はなかった

ところで、現在滋賀県の森林面積の1位を占めるアカマツ林は、どうしてできてきたのであろうか。

狩猟生活をしていた縄文時代の滋賀県の山々がどんな森林であったのかを花粉分析等で調べてみると、びわ湖のまわりを覆っていたのは、現在のマツやコナラ林のような二次林ではなく、石山寺や近江神宮に残るシイやカシの常緑樹で、昼なお暗い森林であったことがわかる。私たちはこうした森林のおもかげを、今でも家の近くのお宮さんなどで見ることができる。この森は、昔からの姿を残す「ふるさとの森」なのである。先人が神社やお寺の境内には長い間入らず、樹木を切り倒すことをしてこなかった結果である。

明るいところが好きなアカマツ

シイやカシの茂った暗いところでは、アカマツは育たない。一度森林の木

今も残るふるさとの森（長浜市西浅井町塩津神社の裏山）

を切り、日がよく当たるようにすると、すぐにマツは生えてくる。林道の裸地にアカマツが茂るのはそのためである。

しかし、逆にマツの林も下草などを刈り取らないで放っておくと、植物が茂り、林の中はだんだん暗くなっていく。そうすると、マツ林はもう続かなくなってしまう。そして、暗くても生育できるシイやカシの茂る「ふるさとの森」へと変わっていくのである。

滋賀県でマツ林やコナラの林がシイやカシの林に変わるには、数百年程度必要だろうと思われる。

マツ枯れの原因と自然林の再生

マツが枯れる原因は、酸性雨の説もあるが、マダラカミキリがマツノザイセンチュウを運ぶことによって発生する。一度マツ枯れが発生すると、マツ林全体がだめになったように思われるが、実際はマツだけが枯れているのであって、他の多くの植物は元気である。林は明るくなり、裸地を作ればまたアカマツ林がスタートする。コナラを植えればコナラの林になる。

思いきって「ふるさとの森」づくりを考えるのであれば、シイやカシの苗木を植えればよいだろう。もちろん、ヒノキやスギなどの植林にすることも可能であるが、生態系保全の視点から、生物の多い森や林の創造を真剣に考

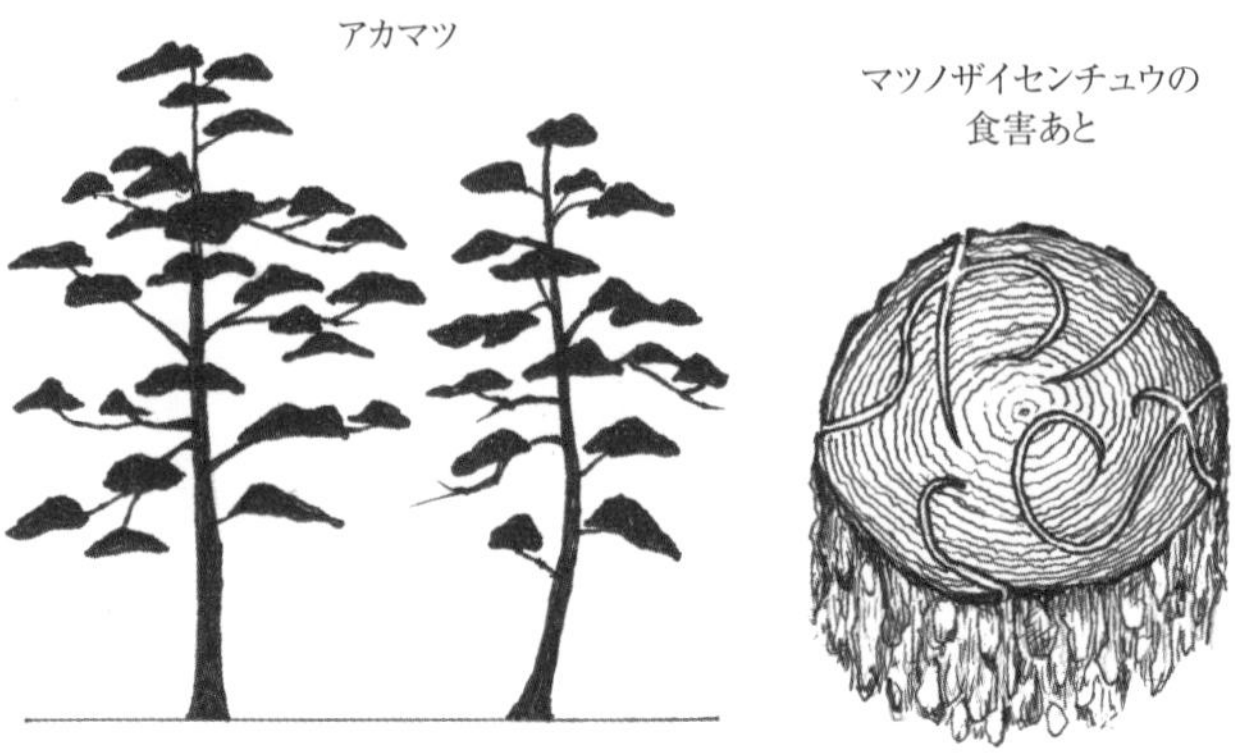

えるならば、自然林の再生が急務だ。この場合、どんな林にするかを決めるのは行政のみではいけない。林にかかわる地元の人々が一緒に計画づくりに参画して、森づくりをすすめていく時代はすでに来ているのである。

初出『み〜な57号』1999年4月

ナラ枯れ

高島市旧朽木村のナラ枯れ被害
（平成17年9月撮影・滋賀県提供）

「あれは何ですか」「何が枯れているのですか」と、山の中に茶色の枯れ木を見た人から質問を受けるようになったのは、ここ数十年ほど前からである。最近は「ナラ枯れ」という言葉も知られるようになり、その原因を尋ねる人が増えてきた。

滋賀県内のマツ枯れによる森林の被害は、南から北へと広がってきた。白い立ち枯れが目立ち、景観的にも良くないので伐採すべきであろうが、あまりにも数が多く、関係者も自然に朽ちていくのを観ているという感じである。

関西のアカマツ林は、いつもマツとコナラがセットで生育しているので、私は、アカマツが枯れてもコナラが成長して明るい雑木林に変わっていくと説明し、「アカマツ消えれど、コナラは残る」と言ってきた。実際、アカマツが消えた後、立派なコナラ林に変わっている事例は、近江八幡市あたりから、彦根、長浜市近辺の里山でいくらでも見ることができる。

しかし、今、全国的に猛威を振るっている「ナラ枯れ」は、「アカマツ枯れて、コナラも消える」となりかねない大変困った現象なのである。

被害木の根元にたまった木の粉（滋賀県提供）

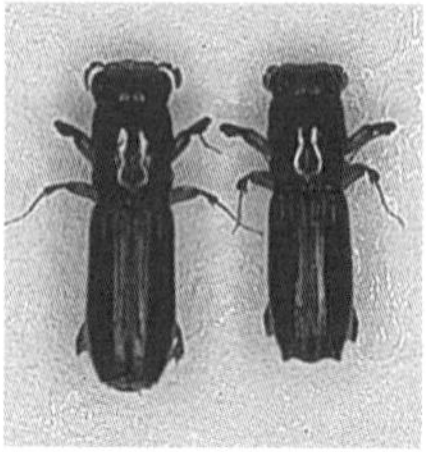

ナラ枯れを引き起こすカシノナガキクイムシ。体長は4～5mm（滋賀県提供）

今回はこのナラ枯れの原因と対策について述べてみたい。

原因はカシノナガキクイムシと菌類

ナラ枯れになった樹木はすぐにわかる。7月から9月にかけて、葉が枯れて赤茶色になり、幹の周辺に木の粉がたくさん積もるからだ。この粉は、カシノナガキクイムシが樹木の中に入って小さな穴をあけるときに外に出すもので、木の粉と昆虫の糞が混じっている。

カシノナガキクイムシは、北海道以外の日本に広く分布する体長4～5㎜ほどの昆虫で、一夫一妻で、親が幼虫の世話をして家族生活を営んでいる。繁殖期になると、オスは幹に数ミリの穴を掘って、メスを呼ぶ。外で交尾を終えると穴の中に入って子育ての生活が始まる。

この虫は、他の昆虫にはない特徴を持っている。それは、メスがカビの菌の1種を穴の中に持ち込んで増やすことである。この菌はメスの産卵に必要で、生まれてきた幼虫もこの菌を食べて成長する。

実は、この菌の増殖もナラ枯れの原因のひとつであることがわかってきた。この菌と、穴をあける時に生じる木の粉が、樹木の水などが通る管をふさぎ、木が枯れていくのである。カシノナガキクイムシが、成虫となって別の木に移動するとき体の中にいる菌もいっしょに新しい樹木に移り、ナラ枯れが広

ナラ枯れが発生したアカガシの老木（余呉町下余呉の平弥神社）

がっていく。
マツノマダラカミキリの体内に宿る体長1㎜程度のマツノザイセンチュウという線虫の爆発的な増加によって、松の木の管がふさがれ、アカマツが枯れてしまう仕組みと大変よく似ている。

被害の実態

国内で初めてナラ枯れの被害が確認されたのは昭和9年で、南九州のシイ・カシの林であったとされている。

滋賀県では昭和50年頃から被害が確認されている。私も、20年ほど前から、高島市の朽木やマキノ町周辺の里山で目立ち始めたミズナラやコナラの枯木が大変気になっていた。日本海側を中心に広がっていることも確認されていたが、私はその内におさまるかと思っていた。しかし、実際はどんどん拡大し、今では湖北から湖東地域へと広がりを見せている。現在、私の集落（余呉町下余呉）の平弥神社のアカガシの老木もこの被害を受けており、対応に苦慮している。

「ナラ枯れ」と呼ばれるのは、被害に遭う樹木の種類が、ブナ・ミズナラ・コナラ・クヌギ・アベマキ・ナラガシワ・カシワなどナラの仲間であるからだが、シイやカシにも被害が出ている。

一番大きな被害を受けているのは、日本の落葉広葉樹の要であるミズナラとコナラである。これらの国内における森林面積は広く、この被害がさらに拡大すれば大変なことになる。景観上の問題もさることながら、生態的な影響も大きい。というのは、昆虫類の10％はナラ類に依存し、大型動物のクマなどは主食とするなど、ミズナラやコナラの存在によって生きている動物がたくさんいるからだ。

現在多くの学者や行政関係者が危惧しているが、根本的な原因が探れないのが実態である。マツクイ虫の被害を防ぐために農薬をヘリコプターなどで空中散布した時代もあったが、今ではそんな方法は許されない。

根本的な原因は人と森林のかかわり方

マツ枯れ同様、今回のナラ枯れも人と森林のかかわり方に大きく関係していると、私は考えている。

注目すべきは、マツ枯れにしてもナラ枯れにしても、若い健全な木は被害が比較的少ないことである。薪炭林として人々が山と付き合っていたころは、里山のアカマツやナラの仲間は定期的に伐採され、山は常に明るく、若い樹木が茂っていた。しかし、昭和40年ごろから日本全土に広がった燃料革命によって、薪炭林としての価値を失った森林は急速に衰退した。なるがままに放置された森林は、十分に光の届かない不健康な状況に陥った。茂った樹冠は雨をさえぎり、せっかく降った雨水も林内に十分届かないなど、植物には厳しい環境となっている。費用をかけて植林したスギやヒノキでさえ手入れされず、昼なお暗い林となっている。

ナラ枯れに関しては、すでに千件を超す論文が報告されているといわれているが、根本的な対策を論じたものはほとんど見られない。メカニズムが解明されていない現状では対策が打ちづらいのもうなずけるが、森林の消滅は、そこに棲む多くの生きものへの影響のみならず、災害問題の原因ともなる。「山河滅びて国滅びる」ことにならないよう、国は全力をあげて対応すべき時期にきている。

《参考文献》

『滋賀県森林センターだより』（２００５年第15号・第16号）

滋賀県ホームページ『森林おもしろ情報』（森林整備課）

『枯れ被害が拡大！』（大橋章博　岐阜県森林科学研究所）

初出『み～な95号』２００７年5月

秋の七草も今や絶滅危惧種！

フジバカマ、キキョウなどが姿を消していく

はじめに

9月になると残暑も和らぎ早朝の散歩を楽しんでいる私には涼しい空気が気持ちいい。余呉の道端に多い野草はなんといってもクズである。道端だけではない、放置された水田、畑、里山、植林などで人の手が入らないところはこのクズで一面が覆われている。秋の七草に数えられるクズとススキ、そしてハギについては今もどこにでも見られるが、他の植物については自然の中で見ることは難しい。フジバカマ、キキョウなどは今から50年前には、裏山に入ればよく目にした植物であった。

しかし、今は園芸種としては出会えるが、自然界からは姿を消しつつある。今回はそんな現状を報告したい。

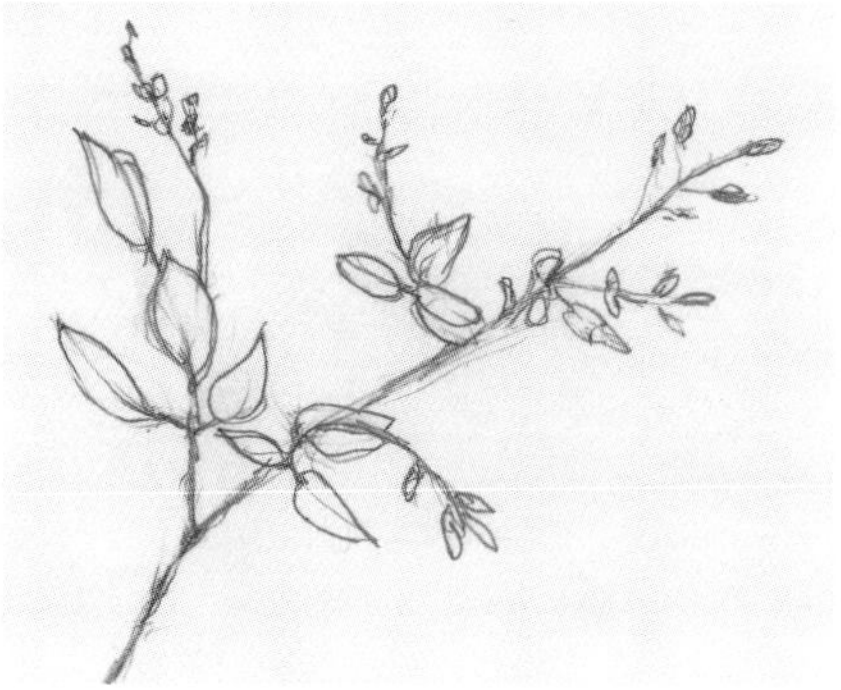

イラスト／原昌子

ハギ

秋の七草の由来

山上憶良が詠んだ以下の2首の歌がその由来とされている（万葉集）。

秋の野に 咲きたる花を 指折り
かき数ふれば 七種の花
（万葉集・巻八 1537）

萩の花 尾花（すすき）葛花
瞿麦の花
姫部志 また藤袴 朝貌の花
（万葉集・巻八 1538）

（注）「朝貌」については諸説あるが、花の形から桔梗とする説が有力

秋の七草の現状

①ハギ（萩）

マメ科で秋の花の代表種。ヤマハギ、キハギなど何種類もあり、いずれも紫や白色の花をつける。根粒バクテリアを有しているため生育に肥料が

カワラナデシコ

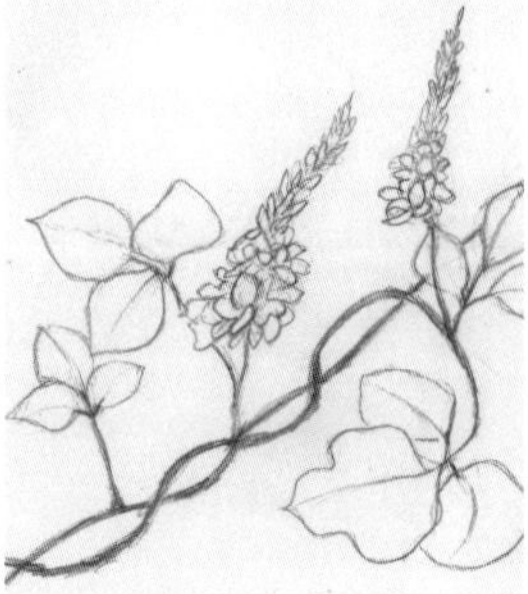

クズ

ススキ

不要なので、法面緑化などの植生復帰のパイオニアとして利用されている。

②ススキ（尾花）

尾花ともいう。茅（「萱」とも書く）と呼ばれる明るい裸地に最初に生えてくる植物で、私たちに最も身近な植物である。クズ同様、荒れ地に繁茂し、どんどん広がっていく。月見のイベントで使われるススキの穂は、秋の深まりを感じさせる大切な供え物である。

③クズ（葛）

マメ科の植物で、最近どんどん増え続けている。最近、川の土手や荒れ地がクズで覆われているのをよく目にする。この植物に覆われると、今まであった植物に光が当たらなくなって枯れてしまい、クズのみの単純な植生に変わってしまう。生物多様性を妨げる植物である。厄介なのは、一度刈り取ってもすぐにまた繁茂することで、繁殖力の強さに驚く。中国の砂漠地帯を緑化するために、日本のボランティアがクズを植えて成功している報告がある。

根が太く、でんぷんが蓄えられるので、これから「葛粉」が作られることはよく知られている。薬用としても効果がある。花はきれいな紫で蜜は甘い。

④カワラナデシコ（河原撫子）

名前のように河原など明るい所を好み、どこにでも見られた植物である

オミナエシ

フジバカマ

キキョウ

が、最近は少なくなりつつある。理由は、人の手が入るなど定期的な「自然の攪乱」が少なくなってきているからである。自然を放置すれば消えていく運命にある。

⑤オミナエシ（女郎花）

黄色い花を沢山つけるオミナエシ科の植物で、生け花や薬草として利用されてきたが、今はずいぶん少なくなってきている。

⑥フジバカマ（藤袴）

この植物を野山で目にした人はほとんどいないと思われる。私自身が最後に採取したのが、余呉の高時川上流の鷲見付近であった。知人がどうしても見たいというので、２日後に届けたことを思い出す。そのとき枯れていたので独特の良い匂いがした。この植物が放つクマリンの匂いであった。30年以上前の話である。

県内では八日市、多賀、伊吹、マキノなどに採集記録があるが、今は情報がなく、まぼろしの草である。環境省は「準絶滅危惧（ＶＵ）」に指定し、滋賀県では「要注目種」としている。要するに発見の情報がなく、分布の現状がよく分からないので注意が必要という段階である。現状を考えると、ワンランク上の「希少種」に含めるのが妥当と私は考える。

⑦キキョウ（桔梗）

日当たりの良い里山周辺に見られ、紫のきれいな花をつける。開発の拡大、里山へ人が入らなくなったこと、マニアによる盗掘などが原因で減少し、野山から姿を消している。環境省は絶滅危惧Ⅱ類（ＶＵ）に、滋賀県は「その他重要種」に指定し、保護を呼び掛けている。園芸種は出回っている。薬草としてもよく知られている。

終わりに

すぐに名前を忘れてしまう秋の七草。頭文字を並べて覚える記憶方法が紹介されているので参考にされたい（インターネット・ウィキペディアより）。

。「おきなはすくふ」…「沖縄救う」の旧仮名遣い表記
。「ハスキーなクフ王」…クフ王とはエジプトの最大のピラミッドを作った王様

ついでに「春の七草」にもふれておこう。1月7日の朝に7種の野草が入った粥を食べる行事「七草の節句」でよく知られている。こちらは、セリ、ナズナ、ゴギョウ（ハハコグサ）、ハコベラ（コハコベ）、ホトケノザ（コオニタビラコ）、スズナ（カブ）、スズシロ（ダイコン）の7つの野草で、これらは今でも普通に見られ、消える心配はない。

《参考文献》

『滋賀県で大切にすべき野生生物　２０１０年版』（滋賀県）
インターネット・ウィキペディア（フリー百科事典）

初出『み〜な129号』２０１６年10月

水のない川（瀬切れ）の悲劇

はじめに

「水があって川である」「魚がいて川である」「水が流れて川である」。こんな手作りの看板が、かつて余呉町の余呉川沿いに立っていたのを思い出す。川の本来のあり方を完結にうまく表現していると感心したものである。当時の田舎の川はほとんどがこの看板の通りであった。

ところが最近、こうした当たり前の川が消えつつある。しかもびわ湖に繋がっている大きな川が、川としての機能を果たしていない現象が多く見られるようになってきた。いわゆる「水のない川」が増えているのである。今こそ私たちは、真剣に考えなくてはならない。

最近、高時川でオオサンショウウオの救出作戦に携わって、水のない川の悲劇を目のあたりにしたので報告する。瀬切れ現象による生きものの悲劇である。

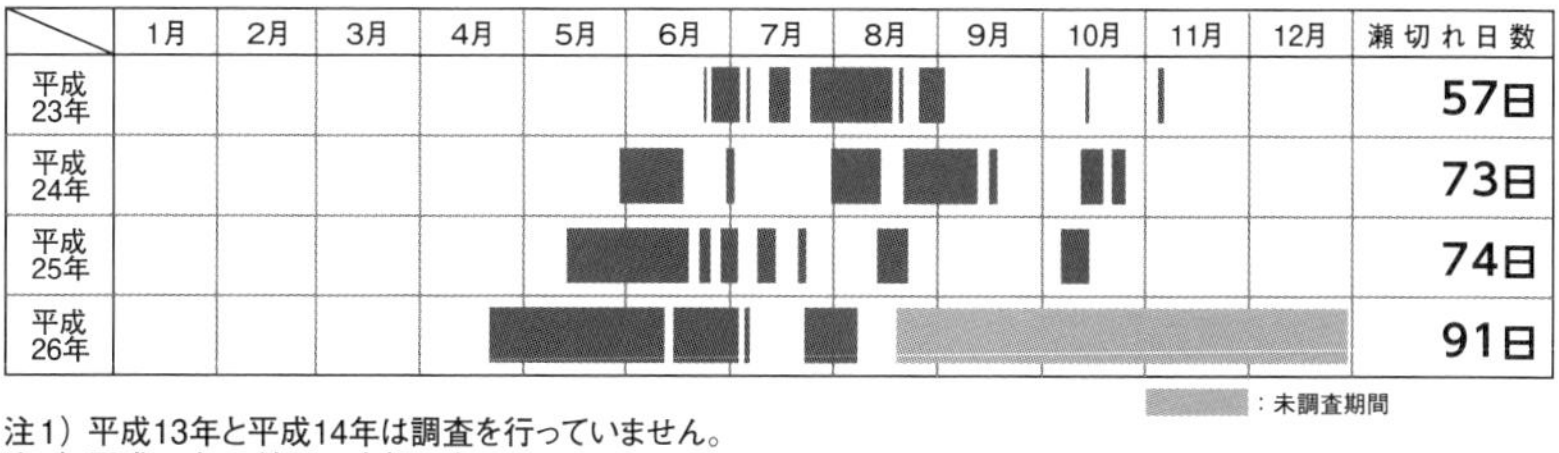

注1）平成13年と平成14年は調査を行っていません。
注2）平成26年の結果は速報です。

高時川瀬切れ発生状況（2014年8月19日現在）（丹生ダム建設所ホームページより）

高時川の瀬切れは、毎夏恒例の現象として繰り返されてきた。原因は古橋の頭首工（湖北土地改良区が管轄）において水をすべて遮断し、農業用水路にまわしているからである。その結果、高時川に生息している多くの生きものの命が失われている。この実態は命の重みを考える人には耐え難く、何らかの対策が打たれないものかとイライラするのは私だけではないと思う。

早く始まった瀬切れ現象

桜が散り、新緑の美しい湖北地方の春、例年とは異なり晴天が続いた。雨が降らず、どの川も水が細っていた。この雨の少ない現象は、冬から始まっていた。関東地方は数十年ぶりの大雪であったが、湖北地方には雪が全く降らず、余呉の奥地を除いて、平地に雪がないという異常現象であった。80歳を超えた人々は「こんな年は初めてや。今年の夏が心配や」と口にしていた。

あれは4月25日の朝であった。ある人から「高時川にオオサンショウウオがいるといってみんな騒いでいる。先生ぜひ見に来てほしい。案内するわ」との連絡が入ってきた。すぐに、「古橋のオオサンショウウオを守る会」の大山会長（木之本町古橋）や山内氏などと連絡を取り、現地で合流することにした。

10時過ぎに現地に到着して驚いた。まだ4月というのに、高時川はすっか

オオサンショウウオ

干上がった高時川（長浜市高月町雨森付近）

り干上がり、一面白い川砂でうまっていたからである。「水のない川」に変身していた。「瀬切れ現象」がすでに始まっていたのである。この調子でいくと、今年の夏は大変なことになるかも知れないと不安がよぎった。現場には、単に覗きに来ている人、カメラを構えている人、大きなウグイやアマゴの稚魚を網で捕獲している人など10人近くがいた。

オオサンショウウオ救出作戦

上流の頭首工で高時川の水は完全に遮断されているが、地下を流れる水が下流で湧き出ていくつかの水たまりを作っている。水たまりの中央には大きなブロックが1個あり、格好の隠れ場となっている。そこには、命の水を求めて最後の水場にやってきた沢山の生きものがひしめいていた。

私のメモによって次のような生きものが確認できた。ウグイ（大きなのが50匹程度）、アマゴの稚魚（数千匹）、イワナの稚魚（数百匹）、ヨシノボリ（数千匹）、タカハヤ、カワムツ（各百匹）、シマドジョウ（数十匹）、ヤツメウナギ（数十匹）、ナマズ（大きなのが3匹）などである。すでに力尽きた魚の数は多すぎて数えられない。

上手に料理すれば美味しいウグイであるが、村の人には美味しくない魚とのイメージが強く、持ち帰る人は少ない。次々と死んでいくのがかわいそうであった。

さて、問題のオオサンショウウオであるが、尻尾を見たという情報があるのみで、姿はなかなか見えなかった。水深は50㎝ばかり、網を入れて必死に探したが、見つからない。ただ時間だけが過ぎていった。水が湧いているので減ることはない。地元の人が用水ポンプを2台持ってきて対応してくれたが、力が弱く水はなかなか引かなかった。長浜市文化財保護センターに電話し本格的なポンプの支援を依頼した結果、2台が持ち込まれた。効果があり、水は随分減ってきたが、どうしてもオオサンショウウオが見つからない。オオサンショウウオを守る会では、天然記念物のオオサンショウウオの捕獲に入る場合には、長浜市や県の行政担当局に連絡しているので、この日もその措置をとった。市の広報にも連絡をしたためマスコミ数社も取材にきていた。

午後3時ころになってもオオサンショウウオの姿は見えなかった。午後4時ごろ、作業を中止して今後の方策を説明している時、「いたぞ！ オオサンショウウオや」との声。ブロックの奥にいたオオサンショウウオを捕獲し、大きさを測定した。63㎝であった。みんな安堵して捕獲作業は終わった。

翌日湧水の状況を見に行くと、水たまりは小さくなって沢山の魚が死んでいた。湧水がなくなりかけているのがよくわかった。

2日後に見に行ったときは無残だった。水たまりには一滴も水はなく、完全に干上がり、すべての生きものが命を絶っていた。すでに腐っているものも多かった。もし救助が1日遅れていたら、オオサンショウウオも死んでいたと思われる。危機一髪の救出作戦であった。残念なのは他の多くの生きものを救えなかったことである。

水があっての川

今回は水のない川の悲劇を報告した。すでに何回も書いているように、川は上流からびわ湖まで連続して流れていない限り生きものの保全はむずかしい。

瀬切れのない川作りが求められる。そして、瀬切れの中の水たまりに残された生きものの救出が求められる。だれでもできる環境保全活動である。今日もどこかの河川で同じ現象が起きている……。

初出『み〜な122号』2014年9月

イヌワシ・クマタカの危機的実態！

イヌワシ。滋賀県内に約10つがいが棲息するという（『滋賀県のイヌワシ・クマタカ保護指針』より）

繁殖成功率が低い滋賀県

滋賀県の自然保護課は、約100頁に及ぶ『滋賀県のイヌワシ・クマタカ保護指針』と題したわかりやすいパンフレットを発刊している。この中で県は、数少なくなったこれら猛禽類の保護に全力で取り組む姿勢を示している。県としては、これによって、絶滅危惧種であるイヌワシとクマタカの実態が広く県民に知れわたり、今まで以上に住民の保護に対する関心が高まることを願っている。この指針は、特に山間部の開発に係わっている人やイヌワシ、クマタカに関心を持っている人には必読書である。

滋賀県のイヌワシ、クマタカの問題が大きく取り上げられ話題となったのは、関西電力が木之本町金居原地区における揚水発電事業を推進するためにアセスメント調査を実施した段階で、工事エリアの中にその棲息が確認されたことによる。この工事の推進を県が許可するかしないかで、大きく注目さ

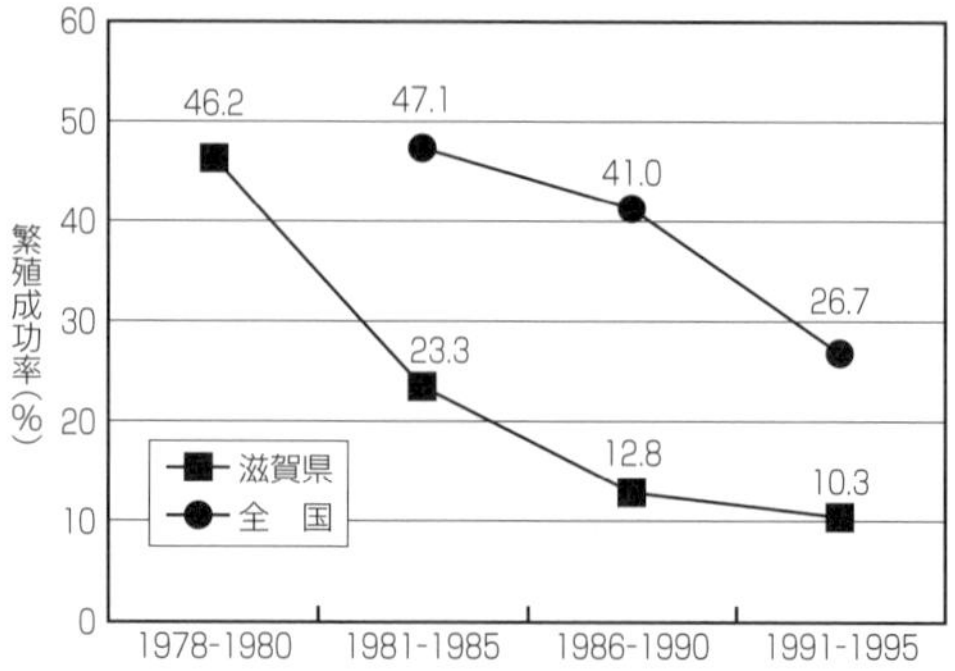

イヌワシの繁殖成功率
（『滋賀県のイヌワシ・クマタカ保護指針』より）

れた。環境保護団体は県に対し、工事の中止を公開質問状の形で何回も出したが、１９９５年12月、当時の知事の判断は、知事の審査意見書を公表する形でなされた。

その後、県と事業者との間に「自然環境保全協定」が結ばれ、イヌワシ、クマタカの保護に配慮しながら工事を推進することとなった。関西電力は、この一帯における猛禽類の調査を継続し、毎月県に報告してきた。すでに公表されているように、イヌワシについては、１９９９年度を最後に営巣活動は見られず、産卵については１９９８年以降は見られない。雛の誕生は１９９７年が最後である。一方クマタカについては、毎年繁殖が行われているが、ふ化やヒナの巣立ちを経て幼鳥が独立する段階まで、無事に成長するケースは年々厳しい状況下にあり、１９９８年を最後に無事に成長した報告はない。

これは、グラフからも明らかなように全国的な傾向で、イヌワシの繁殖率は、１９９１年以降30％を下回るという急激な降下をしている。とくに西日本は低下が著しく、中でも滋賀県は、約20年間に45％から10％近くまで落ちるという由々しき事態になっている。これは、イヌワシの生息環境に大きな破壊活動が加わったことを示唆しており、私はこの期間に行われた、植林や林道敷設などの森林開発事業が大きく影響していると考えている。我々は何としてもこれ以上の減少をまねいてはならない。

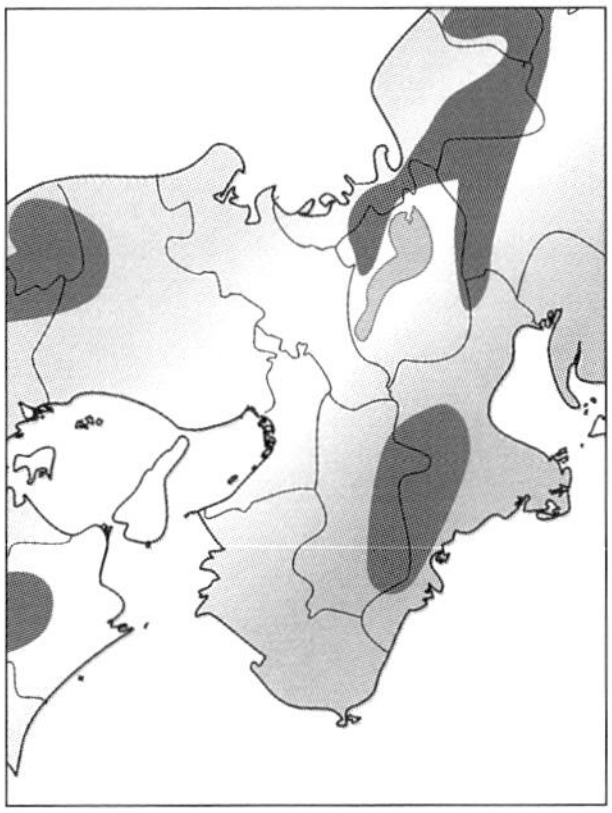

近畿におけるイヌワシの分布状況（『滋賀県のイヌワシ・クマタカ保護指針』より）

なお、現在日本国内で確認されているイヌワシのつがいは約１３０で、個体数は３００程度といわれている。その1割にあたる約10つがいが滋賀県に生息している。しかし本県の繁殖例は極めて少なく、絶滅の危険性が高いのである。

あまり知られていないイヌワシ・クマタカの生活スタイル

イヌワシ、クマタカは大型の猛禽類で、名前はよく知られているが、何時どこで子育てをするかについては知らない人が多い。ツキノワグマは冬眠中に出産するが、実はイヌワシやクマタカも秋に交尾して、冬の雪の中で卵を生み抱卵するのである。何故こんな一番寒い時に子育てをするのかはよく知らないが、生きるための知恵であることに間違いない。

ともに、つがいで縄張りを持って、毎年同じところで生活する。よって巣も毎年同じものを利用するが、イヌワシは厳しい崖に営巣し、クマタカはモミやアカマツなどの大木を利用して営巣する（イヌワシも、適当な崖がない場合は大木を利用することがある）。

食べ物は、ともにノウサギ・ヤマドリ・ヘビのほか、野鳥、哺乳類を好んで食べるが、森林開発によってこれらの動物は近年極端に少なくなり、彼らにとっては厳しい環境となっている。

卵の数はイヌワシが通常2個で、クマタカは1個である。2羽の雛が生まれるイヌワシは、弱い1羽がいじめられて、やがて1週間以内に死亡することは、よく知られている厳しい習性である。

冬場、積雪が数mにもなる湖北の山岳地帯で子育てをする親は、本当に餌となる獲物を見つけることができるのだろうか。ヒナは6～7月の初夏に巣立ち、親からハンティングを学ぶ。食物連鎖の頂点にいる彼らの行動範囲は広い。

どうすれば絶滅から彼らを救えるのか

このままの状態では、本県のイヌワシ・クマタカはトキと同じ運命をたどらざるを得ない危機的な状況下にある。開発のエリア内で彼らの生息が確認された場合、基本的にその開発工事を中止する方針を打ち出さない限り、解決は難しいだろう。今まで、イヌワシやクマタカが確認されると、県も開発関係業者も、自然環境保全協定に従って対策を打ってきた。モニタリング調査もなされている。

開発関係者のいつもの主張は「○○○○のような対策をとっているので、影響はないと考えられる」というものである。ところが、その工事が彼らに影響を与えているか、いないかの証拠はどこにもない。毎年順調に営巣し、ヒナが育っているのであれば影響のない証拠になるであろう。しかし、多くの場合、実際に営巣しなくなっているのである。

原因がわかれば問題の解決は早いが、それはイヌワシやクマタカに聞いてみないとわからない。私は、開発エリアでマイナスのデータが出た場合は、理由が何であれ、即刻すべての工事を中断すべきと考える。

環境アセスメントによって彼らの存在が確認されたならば、当然、一切の開発を止め、聖域を保護するべきである。そうした対策を打たない限り、絶滅から守る方法はないだろう。彼らと共存できる社会とは、このような姿勢を支持する県民のいる社会であり、開発優先の姿勢を180度変えなくては実現しない。イヌワシ・クマタカの本格的な保全は、これからが勝負である。

初出『み〜な76号』2002年1月

第5章　余呉湖

余呉湖のでき方
余呉湖誕生の謎にせまる

はじめに

ガイドをしていると「余呉湖はいつごろどのようにしてできたのですか」「余呉湖はびわ湖とつながっているのですか」など、余呉湖のでき方に関する質問が時々出る。そのたびに「余呉湖は、柳ケ瀬断層の活動によって今から40～50万年前に誕生したと考えられている。その時一番低い余呉湖のところに水が溜り、あふれた水は余呉川となって下流に流れるようになった。余呉川は、その後の何回かの洪水で氾濫し、まっすぐな川になり、余呉湖が取り残されて現在の湖になった」と説明をしてきた。しかし、私自身十分な理解ができていなかったので、この説明に自信がもてなかった。

賤ヶ岳から見る余呉湖

そこで、今回は自分が納得できるまで知りたいと思い、知人で親しい藤本秀弘氏（山門水源の森を次の世代に引き継ぐ会）に余呉湖誕生の経緯を尋ね、今回はその話の内容をまとめてみた。

地質、地形の専門家である藤本氏には、今まで地元余呉町で「柳ヶ瀬断層と地震」と題した講演会や、柳ヶ瀬断層が動いた証拠を学ぶ観察会などで何回か講師をお願いしお世話になっている。

余呉川は最初、丹生川に流れていた

「余呉川は、最初は中之郷付近から東に流れて、現在のウッディパル余呉を通り、丹生川に流れていたと考えられる」との藤本氏の説明を聞いた時、私にはピンとこなかった。なぜなら、余呉川は最初から柳ケ瀬断層に沿って、椿坂峠から柳ヶ瀬・東野・中之郷・下余呉・坂口・黒田へと現在の余呉川と同じように流れていたと考えていたからである。「どこかにそれを証明する証拠が見つかったのか」と尋ねると、「30～40万年前には、ウッディパルの周辺に中之郷から上丹生に向かって川の水が流れていた証拠の地層が見つかっていて、確かな証拠となっている」とのことである。

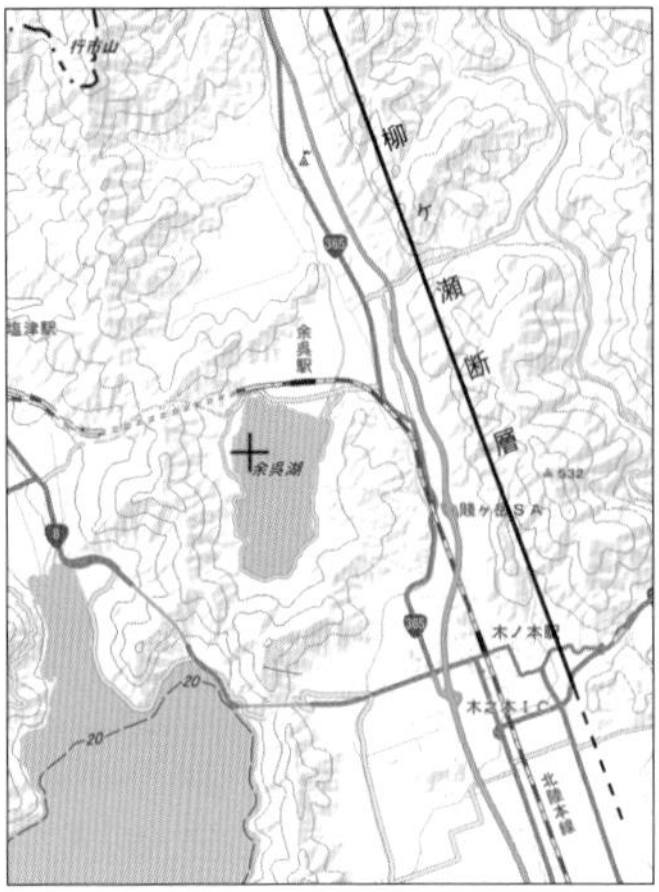

柳ヶ瀬断層（点線部は推定）

何回も地殻変動を起こした柳ヶ瀬断層

その後柳ヶ瀬断層が活発に動き出し、この断層を境にして東側はどんどん上がり、西側は逆に下がっていくという地殻変動（断層の活動）を何回も繰り返したという。「このことは、小谷の東側尾根に断層が活動する前の余呉川が運んだ礫層が見つかっていて、証拠のひとつとなっている」と藤本氏は続けた。

そういわれてみれば、柳ヶ瀬断層の東側は１０００m級の山が連なっているが、西側には高い山はない。賤ヶ岳でも４２０mで西浅井町の日計山も５００m程度である。最初は同じ高さであったものが、断層の活動で約５００mの差がある現在の地形になるまでには、数知れない地殻変動が起きたことになる。

１回の断層の地殻変動でどのくらいのズレが生じるかについて、藤本氏は最大でも10m程度という。そうすれば、今この断層を境にして約５００mの差ができているので、単純に計算して柳ヶ瀬断層は今までに50回以上の地殻変動が起きていることとなる。これには私も驚いたが、数十万年単位で考えれば１万年に１回程度の出来事であり、驚くことでもないのである。

この断層の地殻変動によって西側は徐々に下がり、その境に自然と川がつ

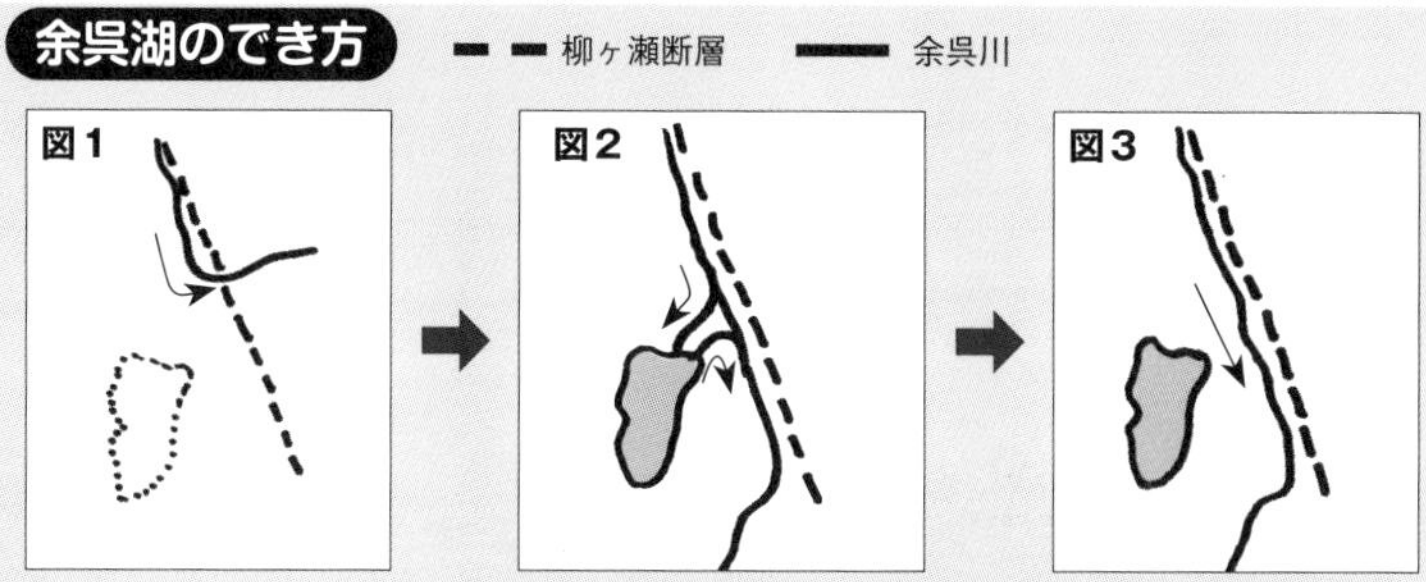

図1　30～40万年前、断層活動はなく、余呉川は中之郷から現在のウッディパル辺りを通って高時川に流れていた

図2　断層が激しく活動し、断層の西側が大きく下がって余呉湖が生まれた。余呉川は断層に沿って流れ、余呉湖に大量の土砂を運んだ。溢れた水は下流に流れた

図3　余呉川は氾濫を続け、現在のようにまっすぐな川になり、余呉湖と離れた。余呉湖は川のない閉鎖湖になってしまった

くられていくことになる。これが現在の余呉川の誕生である。そして、賤ヶ岳の北（現在の余呉湖）や、その北にある堂木山付近は断層の影響で地盤が下がり、水たまり（池）ができたと考えられる。そこに氾濫のたびに余呉川の水が流れ込んで溜り、あふれた水は、下流に流れていくという状態が長い間続いていたと考えられる（上図参照）。

余呉湖が余呉川から取り残される

それでは、今の余呉湖が余呉川の流れとつながりが途絶えているのはどうしてなのかという疑問が残る。

これについて藤本氏は、「柳ヶ瀬断層で地盤が弱くなった部分に沿ってできたのが余呉川であり、袋状になった余呉湖には出口がないので、余呉湖とは別の流れができてしまった」と説明してくれた。

余呉川は過去に何回も何回も氾濫し、現在の水田耕作地を形成してきた。決して稲作には適した場所ではないが、所によっては砂地も多く、おいしい「余呉米」が穫れる所も少なくない。

こうして眺めてくると、柳ヶ瀬断層と余呉湖の誕生は切っても切れない深い関係にあることがよく分かる。皆さんも余呉湖を眺めながら、40～50万年にわたる過去の経過に思いをはせていただきたい。

初出『み～な126号』２０１５年11月

余呉湖のワカサギ

余呉湖でワカサギ釣りを楽しむ人たち

広いワカサギの分布

余呉湖でワカサギ釣りをする人の姿も、3月を過ぎると急に少なくなる。最盛期の1～2月には、数百人もの人が桟橋を埋め尽くす。しかし、毎年同じように釣りが楽しめるとは限らない。ほとんど釣れない年もあれば、解禁の11月頃には釣れなかったのに、年が明けてから急に釣れ出す年もある。

ワカサギはアユやシシャモと同じ仲間で、キュウリウオ科に属し、背中にあぶらびれがついているのが特徴だがアユのように大きくないので、よく注意しないと分からない。

余呉湖のワカサギを見て、店で売っているものと比べてあまりにも小さいので驚く人が多いが、このかわいいのが、おいしくて人気なのである。

ところで、ワカサギは、諏訪湖や余呉湖のような淡水湖やダムにしかいないわけではない。塩分のある海の沿岸部や、内湖にも棲息できる。皆さんが

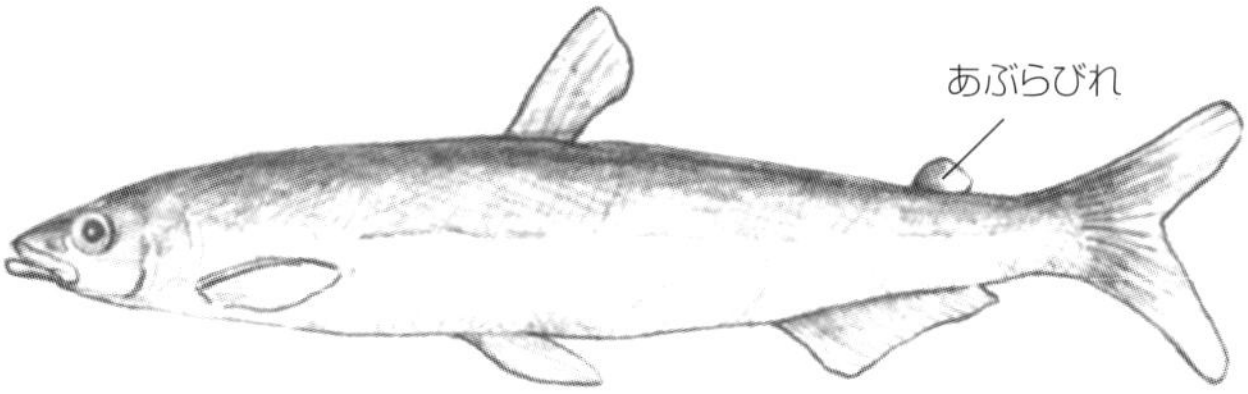

ワカサギ（キュウリウオ科）『滋賀の魚』 新学社より

思っている以上にワカサギの分布範囲は広く、日本海側の沿岸に広く生息している。諏訪湖や余呉湖のワカサギは昔から自然に棲息していたのではなく、人工的に増やしたものである。

ワカサギは白銀色のたいへん美しい魚なので、きれいな水でしか生活できないと思われがちだが、餌となるプランクトンが必要なため、少し汚れて栄養のあるところに棲息する。植物性プランクトンを食べることもあるが、基本的にワムシやミジンコ、ユスリカなど、動物性のものを好んで食べる。

一年しか生きられないワカサギたち

びわ湖のアユが、秋になると河川に上り、産卵後死んでしまうことはよく知られている。このように、1年で死んでいく魚を「年魚」と言い、実はワカサギも年魚である。

ワカサギは冬に最も成長し、2月から3月にかけて産卵すると死んでいく。だから、余呉湖のワカサギ漁の最盛期は、12月から2月ごろの期間となる。産卵時期は北上するにつれて遅くなり、北海道では4月から6月頃である。

ワカサギのなかには、何らかの理由で2年以上生きているものもあり、平均より大きく成長する。諏訪湖では、十分な餌がない年は大きくなれず、2年も3年もかかって一人前のワカサギに成長するものもいる。余呉湖でも、

ワカサギの絶好の産卵場所である親水護岸。
石を積み重ねた近自然工法を取り入れている

ワカサギの数が多くて1匹あたりの餌の量が十分でないと、小さな個体になってしまう。つまり、余呉湖のワカサギがびわ湖のものより小さいのは、エサが十分とれないためである。

余呉湖では、産卵時期になると、導水路等に遡上したり、護岸で産卵するものが多くいる。東～南岸が絶好の産卵場所となっている。これは、1990年に県が護岸工事を実施した場所で、石を積み重ねた近自然工法を取り入れたからだといえる。

余呉湖とびわ湖のワカサギ漁の移り変わり

余呉湖のワカサギ漁も冬の風物詩としてよく知られるようになったが、諏訪湖は早くから有名である。長年にわたってワカサギの研究が続けられてきた諏訪湖では、人工的に増やす技術が確立し、安定した漁ができている。余呉湖では、まだワカサギの生態が十分解明されていないので、自然ふ化による漁の予測ができない。

余呉湖では昭和15年頃、モロコによく似た白い魚がいることはわかっていたが、当時これがワカサギであるかどうか、判別されていなかった。

昭和52年から、本格的にワカサギの増殖が始まり、当初は、諏訪湖や北海道の網走湖から受精卵を数千万粒購入し放してきた。しかし、1990年以

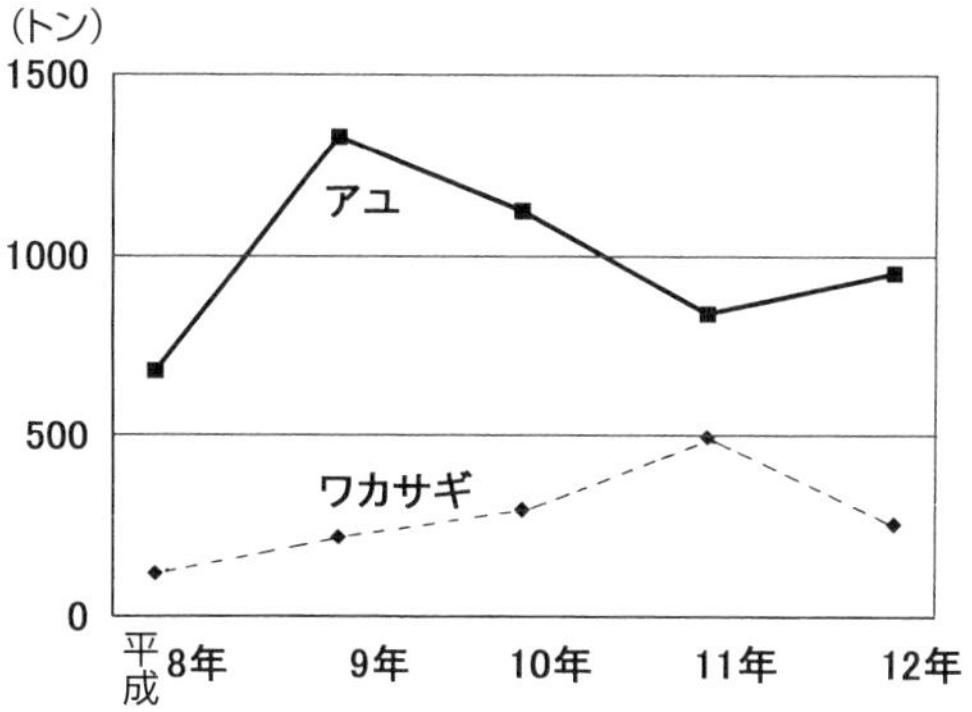

琵琶湖のアユとワカサギの漁獲量(1996年から2000年まで)

降、護岸等で産卵して自然ふ化するようにもなってきた。

一方びわ湖では、１９９３年ころから漁師の網にワカサギがかかるようになり、今ではびわ湖のどこでも獲れ、１９９５年、卵と稚魚が確認され、ワカサギは初めてびわ湖の魚類リストに名を連ねることになった。

びわ湖のワカサギは、余呉湖の稚魚が余呉川を下り、びわ湖で爆発的に増加したものと最初は考えられていたが、その後の研究で、びわ湖と余呉湖のワカサギの形態に違いがあることが判明し、先の説は正しいとは言い切れなくなってきている。

最近、びわ湖のワカサギ漁は、１９９９年度は約５００ｔと、アユに次ぐ漁獲量になっている。２０００年度は前年の約半分の２５０ｔ程度に激減したが、その原因はわかっていない。いずれにしてもびわ湖では自然ふ化によるものである。

一方余呉湖では、最近毎年、卵も放流していて、１９９６年には４ｔ近い漁獲量があったが、その後は２ｔから３ｔの間を推移している。多分特別なことがない限り、今後も安定したワカサギ釣りを楽しめると思われる。まだワカサギ釣りをしたことのない人は、ぜひ一度余呉湖においでいただきたい。

初出『み～な73号』２００２年４月

余呉湖の水質改善

アオコが消えればワカサギが釣れない？

春を迎える余呉湖

はじめに

今から20年ほど前になると思うが、ある新聞に「余呉湖は人間の体でいえばガンに侵されているようなもので、現在関係者が懸命の処置をしているが回復はなかなか難しい」と書いたことがある。昭和45年頃から余呉湖を見つめてきた私にとって、その後の様子を見ていると、延命治療を続けているようにさえ感じられる。

かつて余呉湖は川のない閉鎖湖であった。伏流水のみで満たされていた余呉湖の水は、昭和35年頃までは地元の飲料水でもあった。昭和2年には透明度9mを記録しており、素晴らしくきれいな水であったことがうかがえる。

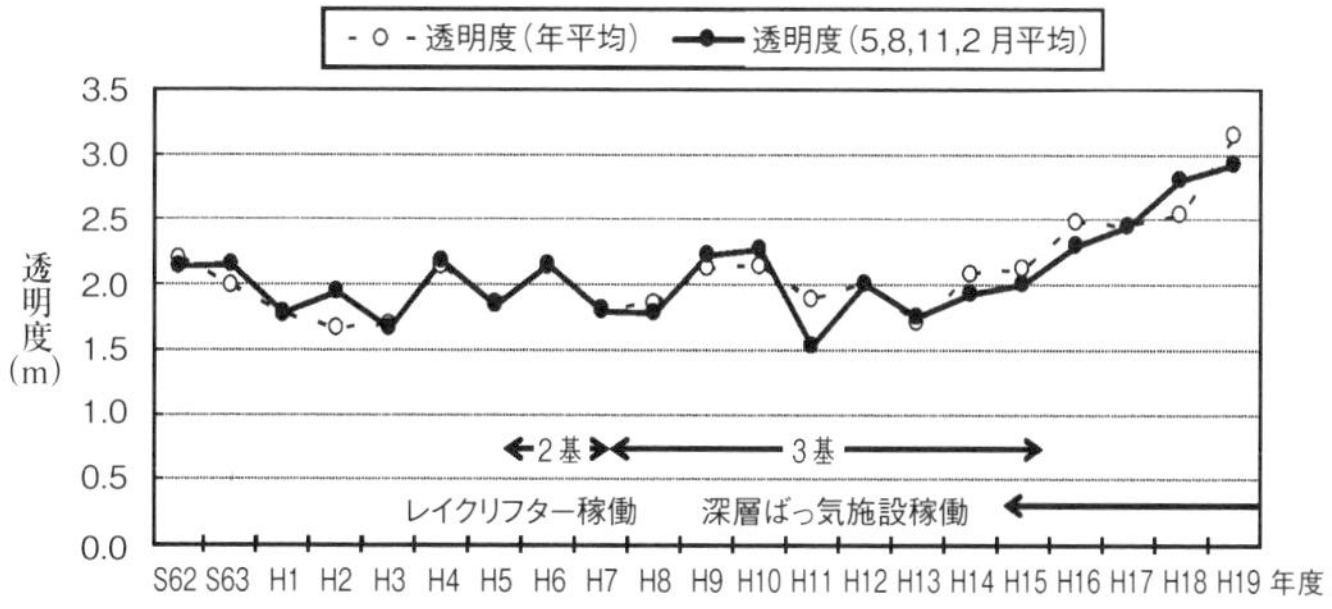

余呉湖の透明度の変化(滋賀県)

余呉湖の開発の変遷

こんなきれいな余呉湖が水質悪化の道を歩みだすのは、びわ湖と同様昭和40年頃からである。富栄養化した生活排水や農業排水の流入に加え、余呉川の氾濫を防ぐために、余呉湖をダム湖として利用するようになった余呉川総合開発や余呉湖の水を湖北一帯の水田用水として利用する湖北農業水利事業などの大規模な工事が実施されたことは、余呉湖の水質変化に多大な影響を及ぼした。余呉湖の水を下流に放流する代わりにびわ湖の水を大量にポンプアップして余呉湖に送り込むシステムは余呉湖の水と生物に大きな変化をもたらした。

治水、利水については大変素晴らしい成果を上げているのだが、水質や生物などの環境面ではマイナスとなってしまった。一度ダム化した湖の水質改善は、大変難しい取り組みだったのである。このことは琵琶湖総合開発に類似している。

水質改善への取り組み

余呉湖の水質改善の施策は二つの方向から進められた。一つは、生活排水

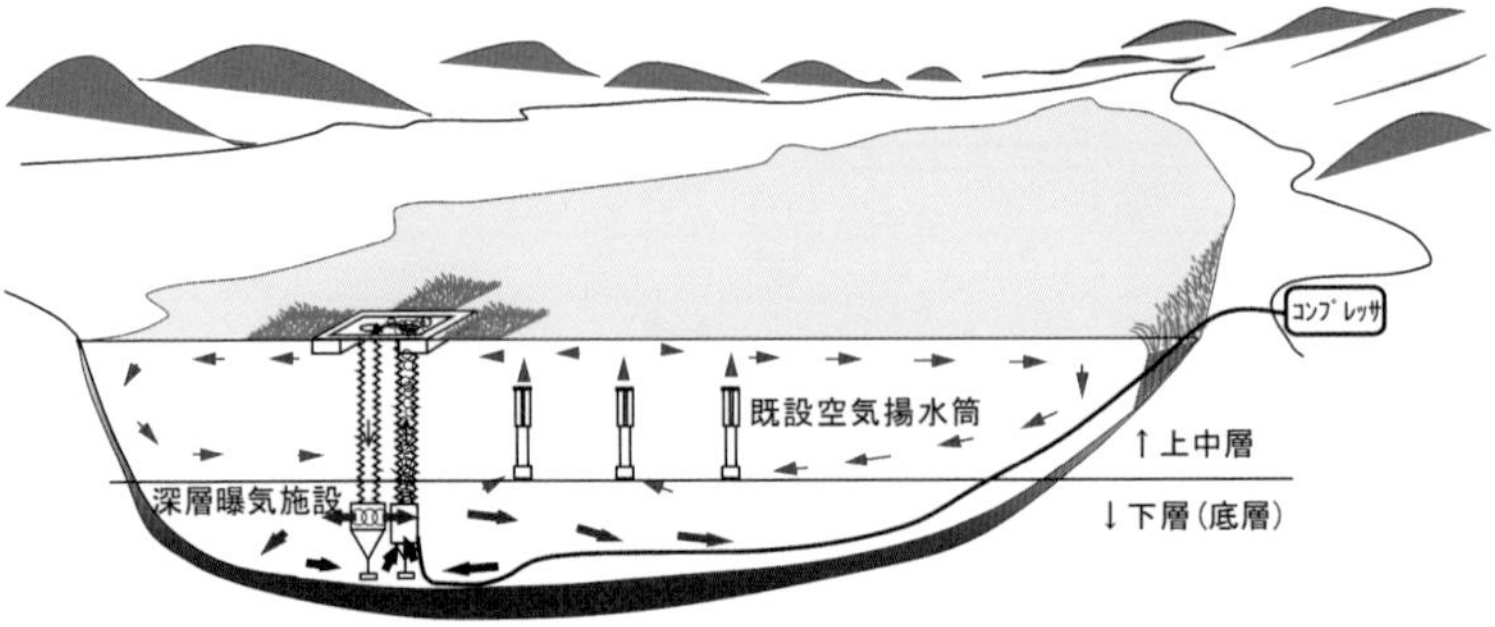

余呉湖の曝気・循環のしくみ

上中層	空気揚水筒	循環によるアオコ繁殖抑制
下層(底層)	深層曝気施設	湖底付近の酸欠改善

図:滋賀県土木交通部流域政策局

や農業排水を余呉湖に流さない取り組みである。これについては、農村下水道の完備や農業排水を循環して利用するシステムの完成などによって成果を上げている。

二つ目は湖中の水質改善策である。余呉湖の場合、プランクトンの異常発生は、湖底に1mも堆積したヘドロの中から、窒素やリンが水中に出て富栄養湖になることに起因している。湖底のヘドロを取り除けば良いわけであるが、それは容易ではない。

そこで、水中に酸素を送り込んで無酸素層(酸素のないところ)をなくする施策がとられることになった。たとえ湖底にヘドロがあっても、湖底に十分な酸素があればリンは水中に溶け出さないことがわかっていたからである。

1993年、湖中に2基のレイクリフターが設置された。これは地上のコンプレッサーから空気を送り、上下の水を循環させようとするものである。1995年にはさらに1基追加された。

毎月の水質調査のデータを見る限り、無酸素層も少なくなり、窒素やリンも減ってきた。しかし、アオコを抑えるまでには至らなかったのである。

深層バッキの導入

その後2002年に、1億5000万円の費用を投入して4基目の「深層バッキ」（曝気装置）が設置された。モデル図からも明らかなように、今までよりも深いところで稼働し、酸素を多く含んだ水が湖底に広がる仕組みになっている。この装置は、２００２年は６月から約３ヶ月間稼働された。この年は従来の３基のレイクリフターと併せて４基が動いたことになる。

この年アオコは発生しなかった。透明度も４ｍを超え、著しい水質改善が見られた。これは深層バッキの威力であり、翌年からは今日まで、この１基のみで余呉湖のアオコの発生は基本的には止まっている。

アオコが消えればワカサギが減る

しかし、複雑な生態系をもつ自然界は、水質改善が進めば、逆に困った問題が発生してくるのである。アオコが消えたと喜んでいると、これから先ワカサギが釣れなくなる可能性が高くなってくる。何もかもうまくいくのを願いたいが、なかなかそうはいかないのが現実である。

先日、信州大学の花里孝幸教授の講演を聞いた。それは、諏訪湖の水質が改善された結果、魚介類が激減したという報告であった。

諏訪湖もアオコの大発生が長年続き、かなりひどいものであった。そこで浚渫や護岸の再生工事が実施され、アオコは消え、ワカサギなどの漁獲高が激減した。原因は、水質が良くなったために動植物のプランクトンがいなくなり、魚の食べ物がなくなってしまったからである。

私は、諏訪湖とまったく同じことが余呉湖でも起きるだろうと考えている。このように水質が良くなったと喜んでいると、また別の課題が生じてくる。自然界の保全対策は奥が深く止まるところがない。

余呉湖はまるでガンの末期的症状のようなもので、多額の費用が必要な深層バッキをはずせば、すぐに死の湖への道を歩むこととなる。

初出『み〜な78号』2003年5月
初出『み〜な101号』2008年12月

水清ければ魚棲まず

余呉湖にヒシが増えてきたことを説明する筆者（2014年）

余呉湖の最近の変化

私は余呉湖について、過去何回か原稿を書いたり話したりしてきた。2002年から水質が劇的に改善されてアオコが消えたこと、余呉湖に多く生息していたイチモンジタナゴやギギなどの魚類がほとんど消えてしまったこと、大きなドブガイをはじめ、貝類がいなくなってきたこと、逆に水質が改善されて水草が増えてきたこと、ブラックバスやブルーギルの外来種が依然多く生息していること、ここ数年前からヒシが増えてきたことなどである。

とくに最近の特徴としては、余呉湖の冬の風物詩であるワカサギ釣りに変化が生じてきている。ワカサギが今までのように釣れなくなってきているのである。

余呉湖には釣栈橋が2ヶ所あるが、本命であるビジターセンター前の栈橋の方が2年連続であまり釣れなくなってきている。釣り客がほとんどいない日もある。正確な原因はよくわかっていないが、私は数年前から、長野県の諏訪湖の事例をあげて、「やがて余呉湖も諏訪湖と同じ経緯をたどり、ワカサギが釣れなくなっていくだろう」と警告を発してきた。

その理由は、次に述べるように、諏訪湖における生態系に大きな変化が生じているからである。アオコの大発生で悩んでいた諏訪湖では、水質改善に取り組んだところ、水質は劇的に改善され、アオコは姿を消したのである。その結果、困ったことにワカサギと貝の漁獲高が激減し、漁師が大きな打撃を受けている。

さらに困ったことに、水質の改善によって透明度が上がり、水中深くまで光が届くようになり、クロモやヒシなどの水草が大発生して船も出せない状況に陥っているのである。この報告を知ってから、私は水質改善に成功した余呉湖でも同じことが起きているのではないかと心配している。

余呉湖では、深層爆気装置を導入した２００２年からアオコの発生は基本的に止まっている。その後多少の変動はあっても水質は良好な状態が続いている。昭和40年台の水質に戻っているといえる。しかし、ワカサギをはじめとして魚類の漁獲高は増えていない。最近はフナも少なくなっている。余呉湖の生態系に大きな変化が生じていることは間違いのないことである。

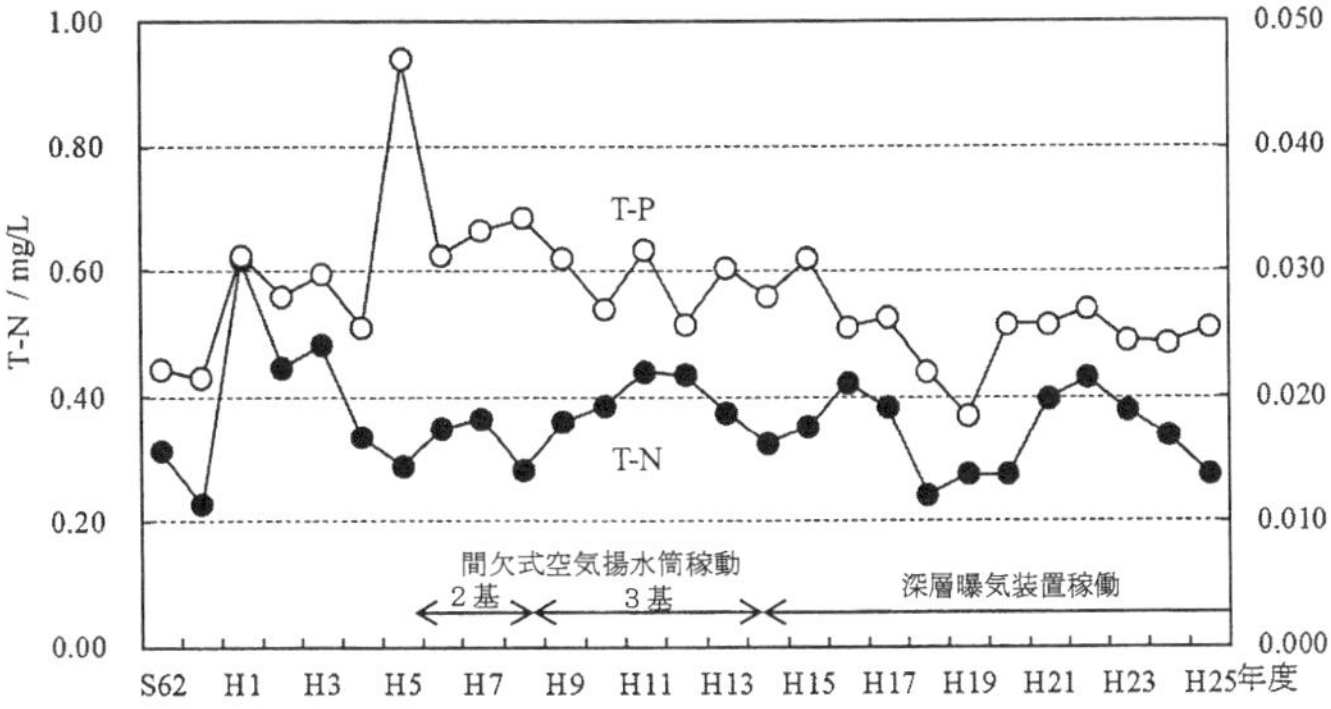

チッソとリンの経年変化（滋賀県提供）（チッソ〈N〉とリン〈P〉は減ってきている）

水清ければ魚棲まず

前述した余呉湖の環境保全の会議で、私は数年前から、水質改善よりも生きものにウェイトをおき、生態系の保全を中心に取り組むことの大切さを主張してきた。

おりしも漁業組合では専門機関に委託し、ワカサギの漁獲に影響が懸念されている外来魚（ブラックバス・ブルーギル）の影響調査を3年間行ってきた。この報告書に目を通している内に、余呉湖の生態系の保全はひと筋縄ではいかず、大変複雑な要素が多く絡み合っている感を強くするようになってきた。

そんな中、今春、『海と湖の貧栄養化問題―水清ければ魚棲まず―』の本が地人書館から出版された。広島大学の山本先生や信州大学の花里先生が中心に書かれていて、本県の琵琶湖環境科学研究センターにおられた大久保先生や私たちと一緒にプランクトンの図鑑作成に尽力いただいた一瀬先生の原稿も掲載されている。私が予期していたことが膨大な研究資料ではっきりと証明されている内容である。瀬戸内海もびわ湖も諏訪湖も水質改善の成果が現れて水はきれいになったが、魚類などの生きものが減ってしまったというのである。

魚類のえさとなる動植物のプランクトンが姿を消し、魚が住みにくくなっている。これ以上水をきれいにすれば生きものは増えないと警告しているのである。こうした考え方は、下水道の完備に全力投球し、水質改善に力を入れてきた行政や研究者にはなかなか受け入れにくいかもしれないが、現実を直視する姿勢が大切と考える。

《参考文献》

『余呉湖外来魚調査報告書』２０１３年～２０１５年

初出『み～な125号』２０１５年７月

第6章 食べる楽しみ

雑草を食べる

ワクワクする春の自然観察会

春に行われる自然観察会で人気があるのは、なんと言っても山菜を食するプログラムである。日本各地で、いろいろ工夫しながら実施されている。山菜の試食付きのハイキングは人気である。普段食べたことのない山菜を食するのだから、参加者はドキドキワクワクである。私がそこで指導するときの方法はきわめて単純。おおよそ次のような段取りで進めている。

。参加者に山菜の概要を説明する。

。野に出て、みんなで思い思いの山菜を採集する。ニワトコやリョウブなど、樹木の葉も採取するが、ほとんどは雑草である。

フィールドに出る前に山菜の概要を説明

。採集した植物を1種類ずつ紙の上に置き、名前を調べていく。

。天ぷらにして食べる。

10時頃からスタートしても正午頃には食べることができ、参加しやすいイベントである。

私は、ほとんどの植物が食べられると説明している。私も機会があれば、いろいろな植物を生のまま口にする。時々いやな臭いや味のするものもあるが、9割近くは人体に害を及ぼすものではない。

自然界には多くの動物が生活しており、ツキノワグマやニホンザル、ニホンジカ、ニホンカモシカ、ノウサギ、イノシシなどは、植物の葉を食べて生きている。動物が食べている植物は、おいしい、おいしくないは別として食することができるのだ。

植物の中で高等植物といわれるものは、滋賀県に約2500種類あるが、これらのほとんどは食べられる。中には腹痛をおこしたり、トリカブトのように人を殺すほどの毒性をもったりするものも含まれているが、その数は多くない。

樹木の葉もおいしく食べることができる。日本料理の懐石膳には、モミジやシソの葉、菊の花など、四季折々の植物が食材として使われており、季節の趣を感じる。

私たちの現在の生活は、栽培した作物を食べることがあたりまえになって

採集した植物の名前を調べる

おり、店頭にはいろいろな野菜がきれいに洗って陳列されている。泥がついたままの露地物や無農薬の野菜を買い求める人も最近増えてはきたが、ほとんどの人は見た目にきれいな野菜を選択する。こうした生活の中で育った子ども達は、やはり泥のついた野菜はきたないものと、感覚的に拒絶反応を示す。

ほとんどの植物が食材に

春の観察会では、50種類ほどの食べられる植物がすぐに見つかる。山菜図鑑やガイドブックに載っているものしか食べられないと思っているのは大きな誤りで、家の軒や道端、畑に生えている雑草のほとんどが山菜料理の材料となる。主なものを挙げてみよう。

ヨモギ・クズ・イタドリ・スベリヒユ・タンポポ・ヤブタビラコ・ドクダミ・オニタビラコ・スミレ・フキ・セリ・ハコベ・ナズナ・ギシギシ・スイバ・カラスノエンドウ・オオバコ・ノアザミ・ユキノシタ・ノビル・シロツメクサ・カキドオシ・ハハコグサ・イカリソウ・ツバキなどである。

反対に、食べると良くない植物もある。このあたりの里山の植物で、春、特に注意すべきものはキツネノボタンとウマノアシガタくらいである。

山菜取りに出かける前に知っておくのが望ましいが、植物に少し詳しい人

持ち帰った山菜は天ぷらにして味わう

に尋ねればすぐ覚えられる。参考までに食べると危険な植物を列挙すると次の通りである。

キツネノボタン・ウマノアシガタ・トリカブト（深山にしかない）・クサノオウ・タケニグサ・ノウルシ・ドクゼリ・ハシリドコロ・マムシグサ・ホウチャクソウ・ヒガンバナ・キツネノカミソリなど。

なんでも天ぷら⁉

手元にある山菜料理の本を読むと、ツクシ・スイバ・ヨモギ・タネツケバナ・タンポポなどについて、お浸し、漬け物、サラダ、酢の物、油炒めなど、様々な調理方法が紹介されている。調理に関心のある人ならば、手間ひまをかければ素晴らしいごちそうができあがると思われるが、私のような素人は天ぷらにするのがベストである。

摂氏１８０度の油の中を通過する過程で、ワラビ、ゼンマイのアクも瞬時に抜けてしまう。ツバキの花も、タンポポも、スイバも、臭いドクダミもおいしくいただくことができる。むしろクセのある植物の方が個性ある新しい味に出会えて楽しい。

採集してきたそのままを天ぷらにするわけであるから、手間が要らない。事前に水で洗うことはほとんどしない。洗うと油が飛んで危険だからである。

こうしてきわめて簡単に、山菜を食べる楽しみを味わうことができる。
過日我が家に来客があり、昼食はテーブルの上で余呉湖のワカサギをから揚げにしながら食べることにした。私は、ふと思いついて庭のサザンカの花を取ってきて、その場で揚げてみた。みんな「こんな花食べられるの？」と半信半疑であったが、口をそろえて「おいしい」と喜んでくれた。飽食の時代に、木の花を食べたり、雑草を口にすることは新鮮でもある。

初出『み～な74号』２００2年6月

夏に山菜を食べる
ヒルガオ・マツヨイグサ・ツユクサが人気

はじめに

飽食の時代になって久しい日本では、あえて野草を食する人は極めて少なくなってきている。過疎の危機が叫ばれている余呉町ですら、野草を食べるのは春に限られている。ワラビ・ゼンマイ・ノブキ・タラの芽・コシアブラなどはよく知られ、スーパーの食材棚に並べられるし、イベントでもよく利用される。「秋の山菜」は、収穫の秋というイメージもあり、食べられる食材は少なからず浮かんでくる。しかし、「夏の山菜」といわれてもピンとこない人が多いと思う。イメージがわかないのである。

ある観光会社からの依頼で「夏の山菜」を食するツアーを実施した。今回は夏でもおいしく食べられる山菜について紹介する。

おいしいというよりも異色体験というイメージの強いツアーではあったが、200名を超えるお客さんが喜んでお帰りになった事実は、夏の山菜による地域の活性化も夢ではないことを証明してくれた。この事業に関わった多くの仲間は、春の山菜の経験はあっても夏の山菜の対応は初体験で、学びの多い取り組みであった。やってみないとわからないことがまだまだあることが分かった。

なぜ夏に山菜ツアーなのか

私が所属する奥びわ湖観光ボランティアガイド協会は、JRに協力して「JRふれあいハイキング」のツアーを年間60～70本企画し、商品化している。なかでも食の体験を加えたツアーは好評で、「春の山菜試食付きハイキング」「ワカサギの天ぷら付きハイキング」「ジビエの昼食付きツアー」などは50名を超える申し込みがある人気商品である。最近はJRだけでなく、クラブツーリズムなど他のエージェントからの要望も多い。

今回のように夏の山菜を食するツアーの依頼は初めてのことだったので、依頼元の会社も一緒に知恵を出し合って企画を練った。

「何とかしましょう」と返事をしたのが6月頃であった。大型バス6台で来られる200名以上のお客様に、余呉湖での約1時間を、「春の山菜」のように喜んでいただけるか不安があった。

夏場に山菜でもてなす経験のない私は大変苦慮した。食中毒などのトラブ

食べられる山菜の説明版

山菜の天ぷらに箸が伸びる

ルがあってはならないので安全第一を優先し、事前に自宅でいろいろ試みた。結果的には成功裏に終わり、協力した仲間も大喜びであったが、私自身の学びが一番大きかったのではないかと思っている。

10種類の山菜の天ぷらでおもてなし

私の仲間は、野外で天ぷらを揚げることには慣れている。しかし、山菜の種類の選定については私に任されている。依頼があってから、夏の山菜を探して採取し、家で試食するのであるが、夏においしい山菜は多くない。

7月下旬から8月上旬にかけて、私が管轄する「夏休み子ども自然塾」(会場：ウッディパル余呉と希望が丘文化公園)を実施したとき、子どもたちは「野草の天ぷらの試食」を体験した。このときの食材は、タンポポ・オオバコ・シロツメクサ・アカツメクサ・ドクダミ・ツユクサ・クズ・ミゾソバ・シソ・エゴマ・イタドリ・ヨモギ・スギナ・ワラビ・イラクサ・エノコログサ・セリなどであった。

自然塾では食べられる野草の食体験が重要で、「おいしい」「まずい」は大きな問題ではなかった。しかし、今回の企画はお客様をもてなすのであるから、「まずい」「食べられない」などの苦情が一人でもあれば失敗である。200名を超えるお客様に満足していただくための食材選びは慎重におこなった。

その結果、天ぷらとして見た目にもきれいで、おいしく食べられる山菜に限定し、次の10種類を提供することに決めた。

①ヨモギ　②ドクダミ　③ヒルガオ　④マツヨイグサ　⑤クズ　⑥ツユクサ　⑦シソ　⑧エゴマ　⑨シイタケ　⑩ミョウガ

この中で⑦シソ　⑧エゴマは知人の栽培されているものを、⑨シイタケについては地元で生産されている「伊香シイタケ」を活用した。また、天ぷらの衣を薄くし、野草が良くわかるようにひとつひとつ丁寧に揚げるように指示しておいた。

苦労した山菜摘み

200人がひとつずつ食べれば食材は200個必要となる。ヒルガオやマツヨイグサ、ツユクサなどの小さい食材は1人3、4個と予想すると、600~800個準備しなくてはならない。他の食材も同じである。一度に準備するのは無理で、数日前から採取した（ビニール袋に入れておけば冷蔵保存できる）。

当日は、予想通りどれも人気で、午後のお客さんの食材がなくなり、急遽1時間程度、野草の採集に走って間に合わせた。ツユクサは近くで多く見られるが、ヒルガオやマツヨイグサの生育地は限られている。ふだん私は余呉

人気のあったマツヨイグサ

川沿いをウォーキングしているので生育地は良くわかっているが、1個ずつ摘むのが大変であった。来年はみんなで摘むようにしたい。

おわりに

200人のお客様の年齢層はさまざまであったが、高齢の方が多かった。野草の説明をすると、次のような反応が多かった。

・すごい、ドクダミのにおいが消えている。おいしい。〈高温の油を通過した瞬間、あくは消える。〉

・ヨモギは草餅以外に食べたことがなかった。天ぷらにもできるのね。おいしい。〈夏には、1ヶ月前に刈った後の新芽を利用するのがコツ〉

・ミョウガ、エゴマがとてもおいしい。シイタケもおいしかった。

・ヒルガオは甘くておいしい。こんなものが食べられるなんてびっくり。アサガオも食べられるのですか。〈朝顔は食に適さないとされている〉

・マツヨイグサなんて初めて口にした。ねばりがあっておいしい。

・すべておいしかった。ご馳走さまでした。ありがとう。

私にとっては疲れた一日ではあったが、満足の一日でもあった。一緒に頑張った仲間の笑顔が何よりもうれしかった。

初出『み～な136号』2018年11月

シカ肉を食べる

はじめに

余呉町に住んでいる私には、猟師の知人が何人かいる。冬の狩猟シーズンとなると、イノシシやクマ、シカの肉を頂戴することがよくある。適当な大きさのブロックの状態で冷凍しておき、必要に応じて調理する。調理方法はいろいろあるが、我が家では味噌の鍋物が好評である。イノシシやシカは全国的に増え続けているが、ツキノワグマは減少傾向で、レッドリストに挙げられ保護の対象となっている。

さて、今回とりあげたシカについては、被害報告は多いもののその対策は難しく、大きな課題となっている。すでに20年前から関東地方や日光周辺では、シカが植物を食い荒らすために山全体の植物が枯れ、はげ山化している光景が珍しくなくなっている。

余呉町では、まだそこまでの被害は出ていないが、数年前に高島市の朽木

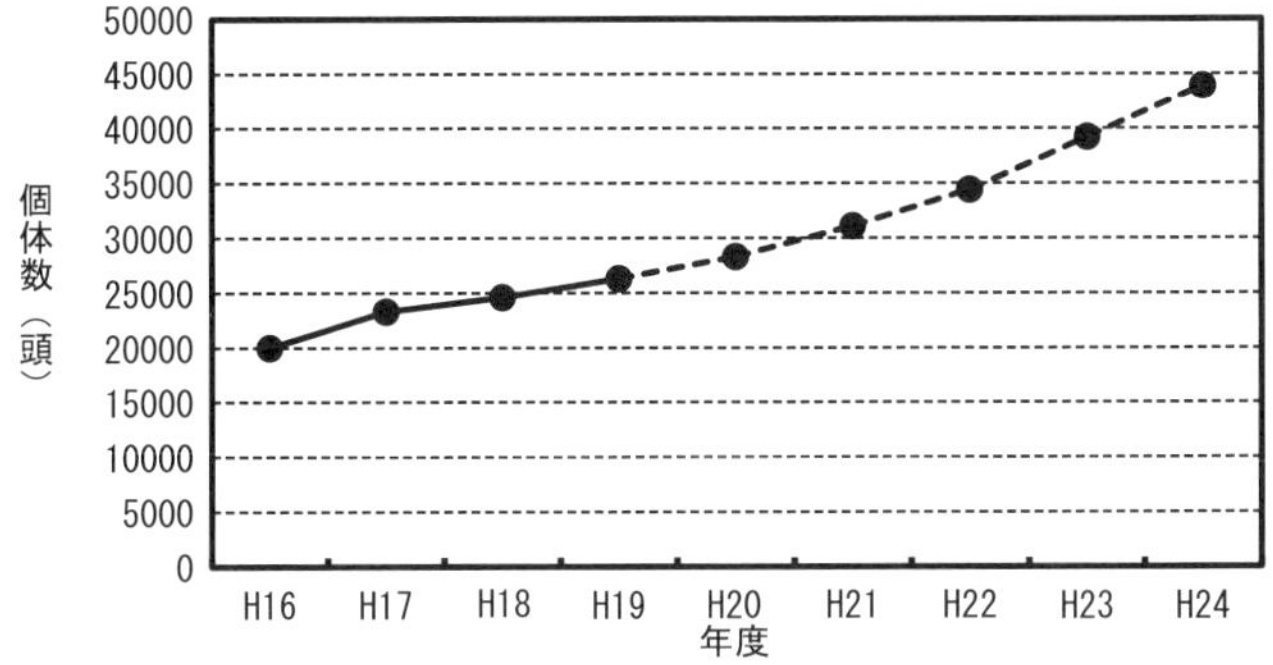

図1　毎年4000頭程度捕獲した場合のニホンジカの推定数（滋賀県提供）

で調査をしたときには、猛毒のあるトリカブトのみを残し下草がすっかり食い尽くされた林床を目にして大変驚いたことがある。こんな状態が拡大すれば、森林がどんどん破壊されていく危険性がある。山門水源の森においては、樹木の皮剥のほか、ササユリのつぼみや花が食べられるという被害に遭うため、開花予定のササユリを金網でおおう面倒な作業が必要となっている。滋賀県も関係者も手をこまねている訳ではない。いろいろな対策を検討しているが、広大な森林に生息するシカの増加を食い止める決定的な方法は確立されておらず、試行錯誤が続いている。

今回は、捕獲後廃棄処分されているシカを有効に利用する方法として、静かなブームとなっているシカ肉を食べる取り組みについて紹介する。皆さんもぜひシカを食べて鳥獣被害の減少に協力していただければ幸いである。

増え続ける県内のシカ

図１からも明らかなように、滋賀県内のシカは近年確実に増え続けている。県では、毎年４０００頭捕獲したとしても、年間約５０００頭増加すると推定している。このままでいけば２０１２年度には４万４０００頭と２００４年度の倍以上となり、その被害も甚大になる。

また図２から分かるように、捕獲数も年々増え続けていて、２００８年度

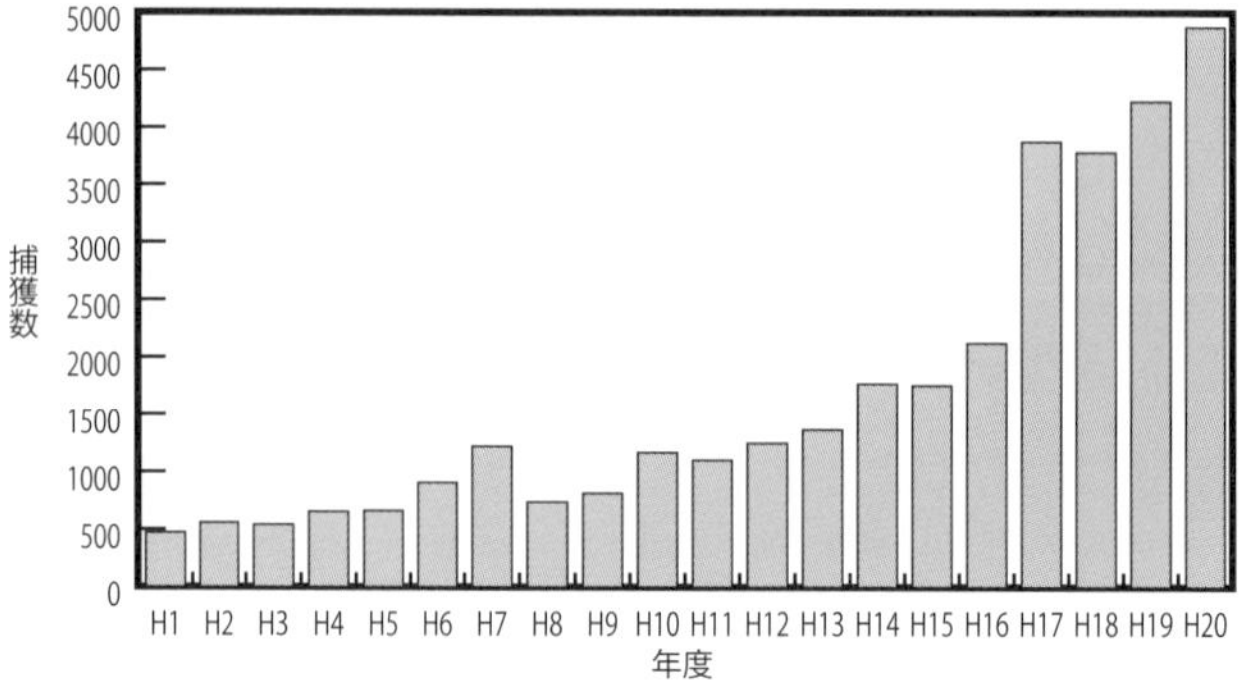

図2　滋賀県におけるニホンジカ捕獲数の推移（滋賀県提供）

においては5000頭近くになっている。今後この数値はもっと増えるだろう。

シカの肉を食べよう

「シカの肉」のイメージを尋ねても、「おいしい」という返事はほとんど返ってこない。「生臭い」「硬い」と思っている人が大半である。生臭い原因は、捕獲時の血抜きができていないためで、硬いのは調理方法が適切でないからである。

現実に、シカ肉は食材として市場に流通していない。しかし、シカ肉はとてもヘルシーで、調理の方法を工夫すれば大変おいしく食べられる。私がこのことを知ったのは、日野町で開催された、松井賢一氏（旧びわ町在住）によるシカ肉を食する講習会に参加してからである。彼とは早崎内湖の関係で以前から知り合いだったが、シカについては、送付されてくるメールや彼のブログに目を通す程度だった。しかし、この講習会後、何とかこの取り組みを湖北にも広げたいと考えるようになった。

そこで手始めとして、2010年2月25日に実施した「余呉のええもん探検企画第8ステージ～雪深い山里で郷土料理と雪中体験で冬を満喫～」のイベントに、シカ肉を食する企画を入れてみた。地域おこしに取り組む女性グ

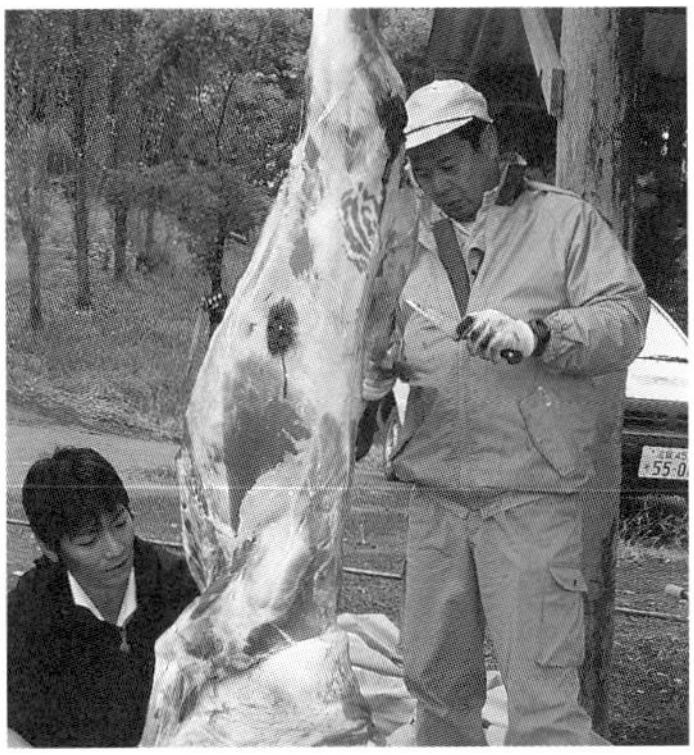

捕獲されたシカを捌く（写真提供／日野町有害鳥獣被害対策協議会）

ループを対象に、松井氏を講師としてシカ料理の講習会を実施した後、シカ鍋のほか5品の料理を提供したところ、参加者からは大変おいしいと好評であった。

松井氏は、地元の猟師を巻き込んでシカ肉の確保から販売、調理までを指導している。県内はいうまでもなく、県外へも講師として指導に出向き、テレビやラジオ、新聞に出る機会も多くなっている。公務員でありながら休日返上で全国を走り回っている彼の姿を、私は高く評価し、いつもエールを送っている。シカの被害を減らしたいという願いのために、人との関わりを持ちながら、シカ肉を食するという新しい視点で対応している一所懸命な姿が好きである。

インターネットで検索すると、シカ肉料理のレシピはなんと200種を超えており、専門のレストランもあるなど、高級食材として静かなブームとなっている。5月には、滋賀県内にあるカレーハウスCoCo壱番屋の2店舗が、日野町内で駆除されたシカ肉を使用したメニューの提供を始めたという報道がされている。

シカ肉の魅力

ブラックバスやブルーギル同様、正しい調理をすればおいしく食べられる

シカ肉を使った調理法を指導する松井さん（写真提供／日野町有害鳥獣被害対策協議会）

のに、廃棄処分されている現状をなんとか解決したいと思うのは私一人ではない。また、飽食の時代とはいえ、年間数万頭というシカを税金を使って廃棄処分している今のシステムを転換する必要があるが、国や県の廃棄物に関する条例が大きなネックになっている。今、さまざまな関係者が努力している最中なので、そのうちに良い策が見つかると信じている。

シカ肉は鉄分を多く含み、高たんぱくで低脂肪、ヨーロッパでは通常の食材である。これを食さない理由はない。湖北に多く生息し、被害を拡大しつつあるシカを、無駄に廃棄処分をせずに食べるという循環型の社会形成に向けて協力したいものである。

松井氏に教えてもらったシカ肉の調理のコツは、臭みを取るためにショウガやニンニクを入れて圧力鍋で煮ることである。この肉をベースに、いろいろな料理が可能となるのである。素人の私でも調理しておいしく食べているので、だれにでもできる。ぜひ挑戦してほしい。

初出『み～な107号』２０１０年６月

ビワマスを食べる

はじめに

今回は米原市で取り組まれている「天野川ビワマス遡上プロジェクト会議」の取り組みについて報告する。2012年3月に策定された基本計画は、天野川のビワマスの過去、現在を精査し、将来は住民との協働によるまちづくりにつなげていこうとしており、現実性のある明るくてロマンあふれる内容となっている。この天野川には14ヶ所の堰堤があるが、ビワマスが越えられない6ヶ所の堰堤で魚道工事を行い、醒井付近まで遡上させようという計画である。工事は一度にはできないので、下流の堰堤から順次おこなう。現在は1ヶ所目の工事が、岩脇《いおぎ》付近でおこなわれており、続いて、箕浦、新庄付近へと続く。ビワマスが遡上し、天野川で大量のビワマスの群れが見られる日が来ることを強く願っている。

河口から最初の堰堤である岩脇地先の魚道

「ビワマス遡上プロジェクト」の概要

２０１１年6月24日、「天野川 カムバック ビワサーモン」を合言葉に、自然との共生や生物多様性の保全、ビワマスの回復をめざしてプロジェクトはスタートした。その概要は下記の通りである。

①プロジェクトのメンバーは県や米原市の担当機関のほか、大学や専門機関から集まっており、定期的な会議や魚道に関する研究会を開催。さらに、公募市民による「米原市ビワマス倶楽部」も設置されていて、市民との協働事業をめざしている。

②２０１２年秋に岩脇地先で簡易魚道を設置したところ、ビワマスの遡上が確認されている。

③このプロジェクトの大きな事業は、天野川河口から丹生川との合流点（醒井駅周辺）までにある、ビワマスが上れない6ヶ所の堰堤すべてに魚道をつくり、ビワマスを遡上させることで、２０１６年度の完成をめざしている。

④最終的には、市民と協働でビワマスを生かしたまちづくりをめざしている。

今回の取り組みが成功すれば、堰堤という河川における生きものにとって

簡易魚道を遡上するビワマス（2012年10月　写真提供／米原市）

最大の難所が解消されるわけであり、今後の自然河川再生事業の良い事例となることは間違いない。

報告した長浜市の大谷川（木之本町古橋）に棲息するオオサンショウウオの保全のために、既存の堰堤を穴あきダムに変更した事例に類似する。

自然環境の保全のための取り組みが身近に進められていることは、うれしい限りである。

ビワマスの魅力

ビワマスについていろいろ調べているうちに、その魅力にはまりこんでしまった。「淡海の宝石」と言われるようにビワマスは大変おいしい魚である。先日、西浅井町の水の駅で塩焼き用に加工したビワマスを手に入れ早速焼いてみた。調理は簡単でとにかくおいしかった。

さて、私がビワマスに強く惹かれたのは、音楽家の饗場公三ご夫妻に『びわ鱒～生きる喜び～』の映像を立体音響の中で見せてもらった時からである。映像はプロの腕前を持っておられる虎姫診療所（長浜市）の院長である廣田光前先生の撮影によるものである。サケの一生の映像はテレビで何度も見ていたが、身近な姉川を泳ぐビワマスの映像は初めてであった。水中での鮮明なビワマスの生態や、急流をトビウオのように何ｍも飛びながら遡上する姿、

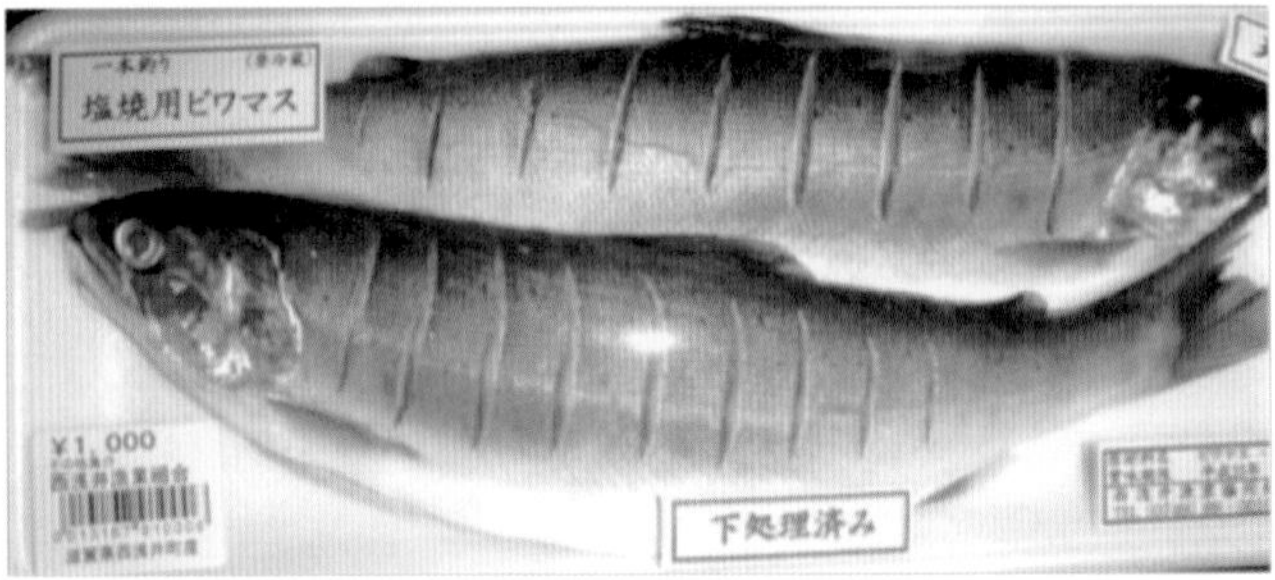

塩焼き用のビワマス

堰堤を越えようと何回も必死にジャンプする姿などがくり返し映し出され、静かに流れる音楽とマッチングして今まで感じたことのない感動を呼び起こされた。ビワマスがドラマチックな一生を過ごすことのできる環境を何とかして保全しなければと、その時改めて強く感じた。

そこで、ビワマス研究の第一人者である藤岡康弘氏（琵琶湖博物館上席総括研究員）の『川と湖の回遊魚ビワマスの謎を探る』（サンライズ出版）を読み直し、さらにビワマスに魅力を感じるようになった。

ビワマスの生態

ビワマスの一生について簡単に整理しておこう。

ビワマスはサケ科のびわ湖固有種である。秋の産卵期（10～11月）には、びわ湖から自分がふ化した川に回帰する習性があり、大雨の日に群れとなって河川を遡上することから「アメノウヲ」とも呼ばれている。産卵のためには、川底がきれいな砂礫状であることが大切である。そして産卵後は死んでしまう。卵は12～1月ごろに孵化し、しばらくは砂礫の中でじっとしている。春先の2～3月に石の間から泳ぎ出し、梅雨（6～7月）の大水が出たときにびわ湖へ下る。この頃、体長は7㎝程度に成長している。その後、びわ湖で3～5年程度生活し、やがて産卵のためにもとの川に遡上してくる。

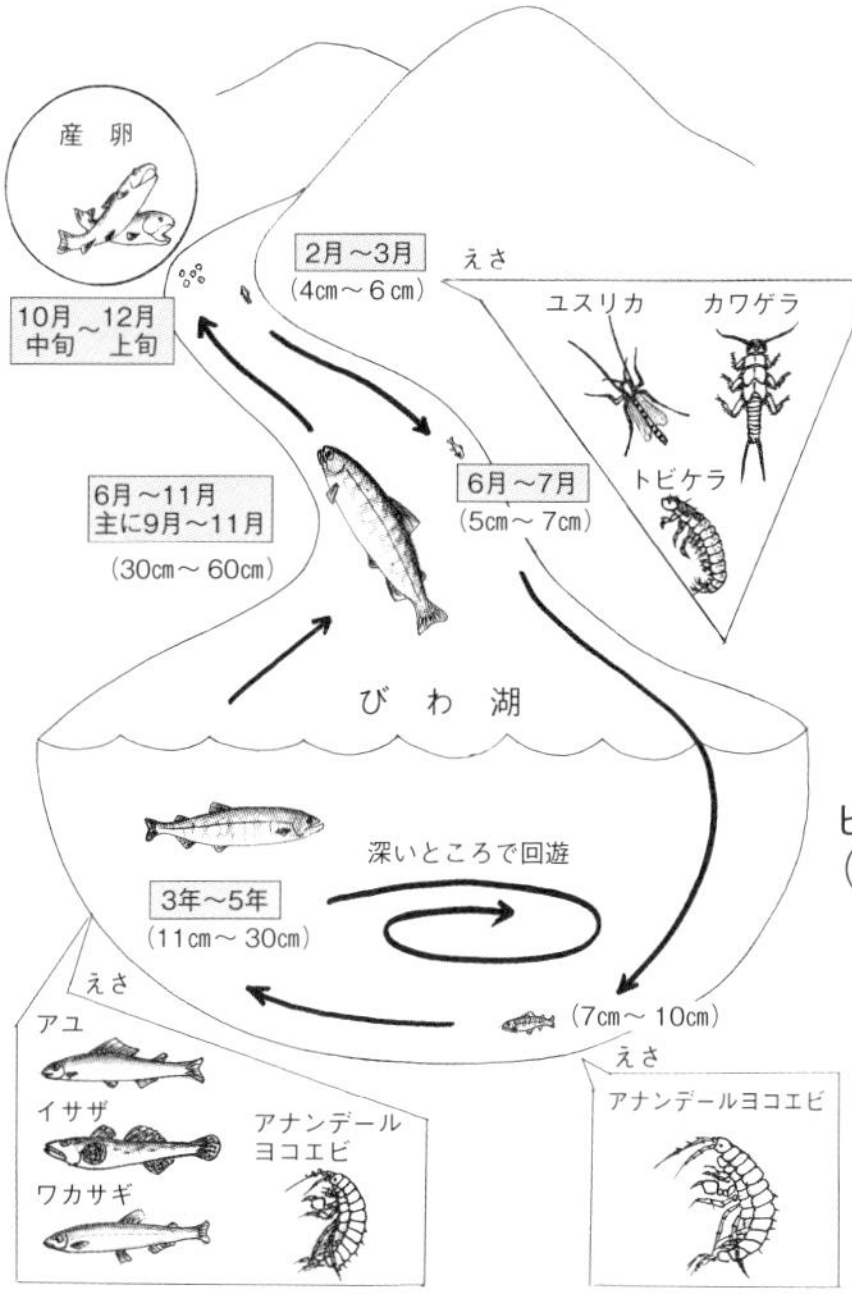

ビワマスの一生と食べもの関係図
(藤岡康弘氏の図版を参考にして筆者作成)

ビワマスの人工養殖については早くから醒井養鱒場が研究を続けていて、最近、染色体が三倍体の個体づくりに成功した。養殖はたいへん明るい見通しとなっていて、みんなの食卓に広く出回るのはそう遠い話ではないだろう。

滋賀県の漁獲高は年間平均20～50ｔで安定的に推移している。自然河川での繁殖が安定しているのと、稚魚の放流が効果的に働いているからである。

ビワマスの食べ物

生きものはすべて食べ物が豊富になければ生きていけない。谷川に、今まで豊富だった水生昆虫がいなくなれば、イワナ、アマゴ、ビワマスなどは姿を消していく。県内のあちこちに作られた多数のダムや堰堤は、多くの生きものの聖域を壊してきた。県内のどこにでも上がってきていたビワマスやアユも、ダムや堰堤が出来るたびに姿を消してしまった。

先述の藤岡氏のビワマスの研究では、4～5cmの稚魚は水中を泳ぐ力が弱いため、水面を流れてくる昆虫を食べていることが明らかになっている。5～6cmになるとカゲロウやトビケラなどの水生昆虫がえさの中心となる。5～7

cmになると、大雨の時をねらって川を下るが、びわ湖にたどりつくと食べ物はころりと変わって沖深くに棲息しているアナンデールヨコエビだけを食べる。ビワマスの身が赤く美しいのはこのヨコエビに含まれているアスタキサンチンという物質によるらしい。その後体長が11～15cmになるとアユを主食とし、イサザやワカサギも食べる。

アユが多い年はヨコエビよりアユを多く食べる。よって、身の色が薄いビワマスが出回る年は、アユが豊漁であることを示していることになる。「今年のビワマスの刺身は赤くてきれいだ」と飲み屋で話が出れば、「今年はびわ湖のアユが不漁かもしれない」ということになる。

「自然林」と「植林」では、自然林の方が水生昆虫の棲息種類や数量が圧倒的に多いことが分かっている。今、県内の渓谷の両サイドは間伐の出来ていない植林に被われていて、ビワマスなどの稚魚の食べ物である水生昆虫が少なくなっているのが案じられる。またアユを含むびわ湖の在来種が今後減少していけば、当然ビワマスの生育にも大きな影響が生じる。ビワマスが育つ為には、豊かな森と渓谷、堰堤やダムのない自然な河川、生きものでにぎわうびわ湖が必要なのである。

最近、日本各地で漁師が森づくりや豊かな川づくりに参画しているのは、こうした魚の生態を理解しているからであろう。子孫を残すために洪水のチャンスを生かして堰堤を必死で越え、少しでも水温の低い上流へ移動しようとするビワマスの懸命な姿から、私たちは環境保全の重要性を学ばなくてはならない。

初出『み～な117号』２０１３年３月

第7章　鳥と私たちの関係

過疎地から姿を消すツバメたち

ツバメは不思議な野鳥

5月から6月にかけて、あちこちでツバメの巣作りの様子が話題になっている。ツバメは、多くの野鳥のなかで、最も人間の近くで子育てをする珍しい鳥である。日本には約500種類の野鳥が確認され、滋賀県にはその約半分の250種類の野鳥が棲息しているが、ツバメのように人間の生活圏に入り巣を作る野鳥は他に例がない。

もちろんスズメやムクドリのように人家の屋根裏や樋の中に巣をつくる野鳥もいる。時々セキレイが納屋に巣をつくり、巣立ちまでやさしく見守るというほほえましい記事を目にすることもある。しかしこれも、きわめて珍し

エサをもらうツバメのひな（撮影／高橋敏治氏）

い事である。

私はどうしてツバメだけが人を恐れずに巣を作る習性があるのかについて、かなり前から大変興味があった。いろいろな論文にも目を通してきたが、私の疑問に答える内容は見つからなかった。

そこで、私は郷土を知る環境教育の一環として、中学生と共にツバメ調査を試みた。そして今では、私なりの考えを持つようになってきた。

しらみつぶしに全戸調査

鏡岡中学校（余呉町）の科学部顧問をしていた昭和50年、全校で余呉町のツバメ調査を実施したことがあった。当時全国でツバメの正確な調査を実施しているところはほとんどなく、調査方法もわからなかった。そこで、中学生にもでき、しかも確実な資料がえられる「全戸調査」を実施することにしたのである。これほど正確な方法は他にない。すべての住宅や建物をしらみつぶしに調べていくという作戦である。

西浅井中学校に勤務していた時は、２００名近い全校生徒が、約１０００軒の建物を、毎年手分けして調査を行った。この方法で伊香郡全域の調査も過去４回実施されてきた。これは、ホタル調査同様、子どもたちが身近な環境を調べる良い機会であり、環境教育の有効な一方法である。

人がいないとツバメもいない

余呉町に鷲見という小さな村落がある。丹生ダム建設予定地で、人々は全員移住し、今は人の気配もない。長年の定期的な調査結果から、鷲見のように人が村を離れていくと、ツバメもまた村を離れていくという事実がはっきりした。いくら空き家が残っていても、人がいないとツバメは巣を作らないのである。

このことは、杉野学区で実施した調査でも明白である。杉野の金居原という集落をさらに北に行くと、あちこちにアパートのような空き家が残っている。これはかつて栄えた土倉鉱山で働いていた人たちの住宅跡である。周りには水田が広がり、ツバメにとって豊かな環境と思われるが、巣は1個も見あたらない。

これらの結果から、いかにツバメが人間と共存しながら生きているかが良くわかるのである。ツバメほど人間の影響を強く受けている野鳥は大変珍しい。

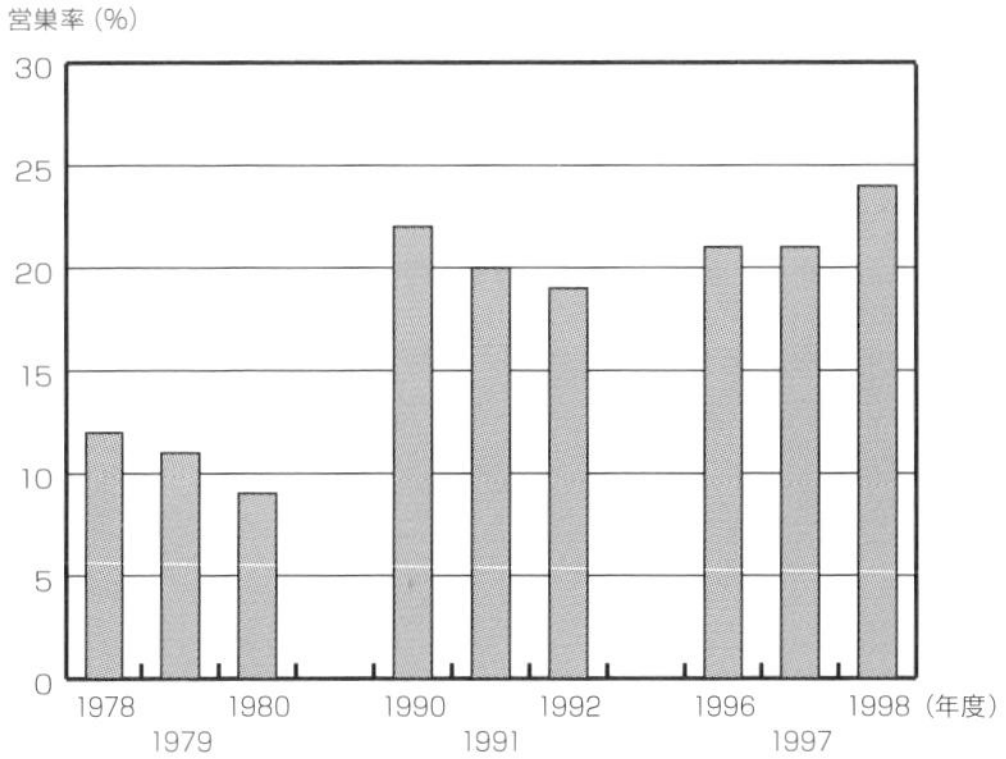

西浅井町におけるツバメの営巣率の変化

ツバメと人間とのお付き合い

ツバメが地球上にいつごろ現れたかは知る由もないが、人間に近づき始めたのは、人々が農耕生活を始めるようになってからであろうと私は考えている。人々は、ツバメが稲作の害虫を食べてくれる大切な鳥であることや、ツバメが多いところは稲作の収穫も多いことに気付き、ツバメを大切にするようになってきたものと思われる。

ツバメの方も人間の姿勢に敏感に反応し、人家での巣作りが歓迎されることを知ると、爆発的に巣を作りだしたものと思われる。ツバメにとって、水田は巣作りの材料が手に入る絶好の場所であり、何かと都合の良い環境だったのである。農家の人々も巣作りや、ひなの育ちを我が子のように温かく見守るようになってきた。

「ツバメの来た家は火災が起きない」「ツバメが巣を作る家はその年良いことがある」などと子どもたちにも教え、家族ぐるみでツバメを大切にした。自然の生きものと一緒に生活していくという日本独特の思想がこうした暮らしをつくりだしてきた。

人間とツバメの仲の良い関係は、農薬を大量に使用する近代農業の始まりまで続いたが、戦後急に崩れてしまった。農薬に汚染された虫を口にするよ

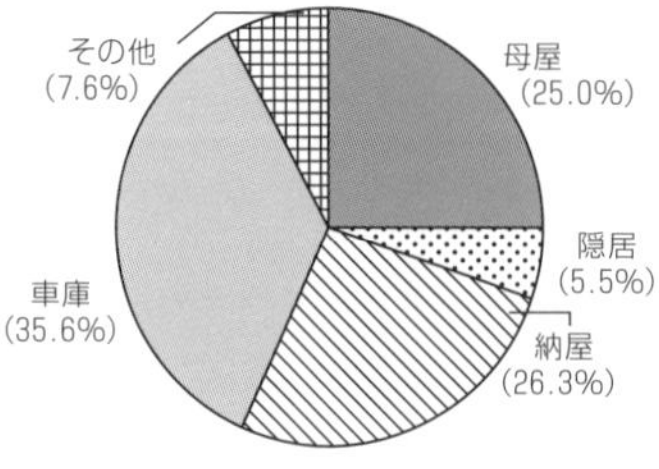

車庫や納屋を好むツバメたち

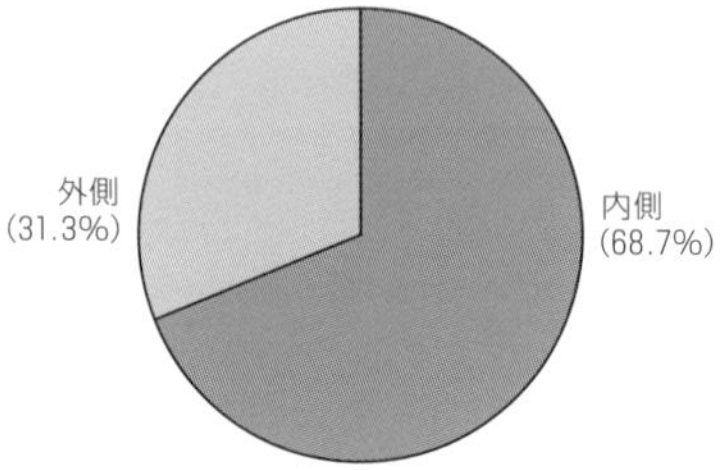

巣は建物のどちらに作るのか

うになったツバメは、その数を減らしてきた。農家もまた、ツバメを必要としなくなった。家の中を汚すツバメはかえっていやがられ、住宅建材にサッシの窓ガラスが使われるようになってからは、ツバメを追い出すようになってきたのである。

昭和50年、伊香郡の営巣率が12・5％であったのが、6年後には8・3％まで激減したことはこれをよく示している。私はこのデータを見たとき、いよいよ伊香郡からツバメは姿を消してしまうと真面目に考えていた。（営巣率とは百軒に対して何軒ツバメが巣を作ったかを示している）

増加してきた営巣率

私の不安を払拭してくれたのは、1992年度及び1998年度の調査結果である。なんと伊香郡のツバメの巣が確実に増加しているという結果が出たのである。特に西浅井町の営巣率の増加は大きく、1998年度は24％になり、17年前と比較すると16％増となっている。なかでも大字庄や中においては30％を越えており、3軒に1軒はツバメの巣があるということになる。

つまり巣のつくり易い条件が整ってきているということである。長年の中学生の調査に協力してくださった住民のなかに、ツバメの巣作りをやさしい心で見守ろうとする人々が増加しているのは確かで、大変うれしいことであ

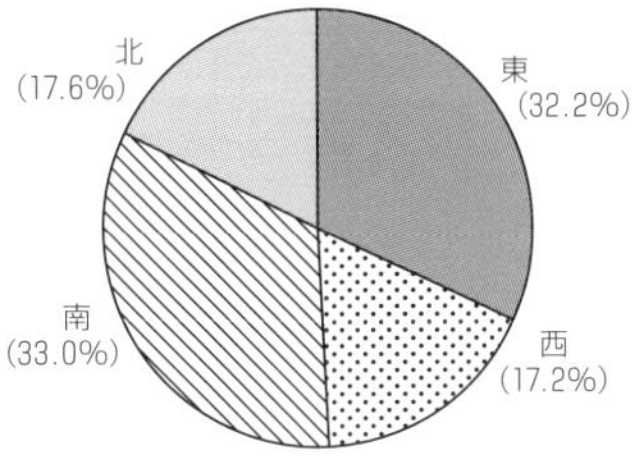

南側と東側に巣は多い

る。一方全国的に見れば、家が糞で汚れる、うるさいなどの理由でツバメの巣づくりを嫌う人が増えつつある。ツバメは今後どこで巣作りをするのであろうか。ゆくえが気になるところである。

初出『み～な58号』1999年6月

最近のびわ湖の水鳥のようすが変だ！
原因は不明だが、黒色の水鳥が急増

はじめに

私が属している「滋賀自然環境保全・学習ネットワーク」は、県の事業である「びわ湖一斉水鳥観察会」の講師を派遣している。１９７１年2月2日にイランのラムサールにおいてラムサール条約が採択されたことを記念し、毎年2月2日は「世界湿地の日」と定められていて、この日の前後に世界各地において湿地に関連するイベント等が企画され、普及啓発の促進がなされている。

びわ湖でのイベントは今年で19回目となるロングランである。本来の目的は、びわ湖がラムサール条約登録湿地として認可されたことを記念し、同条約の意義を県民が正しく理解する機会として設定されているが、どうも水鳥観察にウェイトが置かれ、いつのまにか「ラムサール条約」イコール「水鳥観察会」というイメージができあがってしまっている。ラムサール条約の目

湖北野鳥センター付近での観察会の様子

的は「湿地保全」や「賢明な湿地の利用」にあるのだが、現実はそうではなく、指導者も頭を悩ませている。

本稿では、私が毎年かかわっている会場である湖北野鳥センターでの記録や、本会の指導者の報告書をもとに、最近のびわ湖の水鳥の様子を整理してみたい。

黒い鳥が急増

びわ湖の冬の水鳥の総数は、ここ6年間、11〜14万羽台で推移している。特記すべきはオオバンである。2003年から急に増え出し、今では3万羽を超えてびわ湖の水鳥の3分の1以上を占めている。続くキンクロハジロも2万羽台で、この2種類で約半分を占めていることになる。

オオバンは全身が黒く、キンクロハジロも上半分が黒色で被われているため、「最近どこにいってもびわ湖は黒い鳥で被われている」との声が多く聞かれるようになった。また「黒いギャング」といわれるカワウについても、冬のびわ湖には少なく1千羽を切っているが、夏ともなれば3〜4万羽となり、夏のびわ湖はこの黒いギャングで占められることとなる。

こう考えると、びわ湖は年間を通して黒い鳥で被われるようになってきたといえよう。

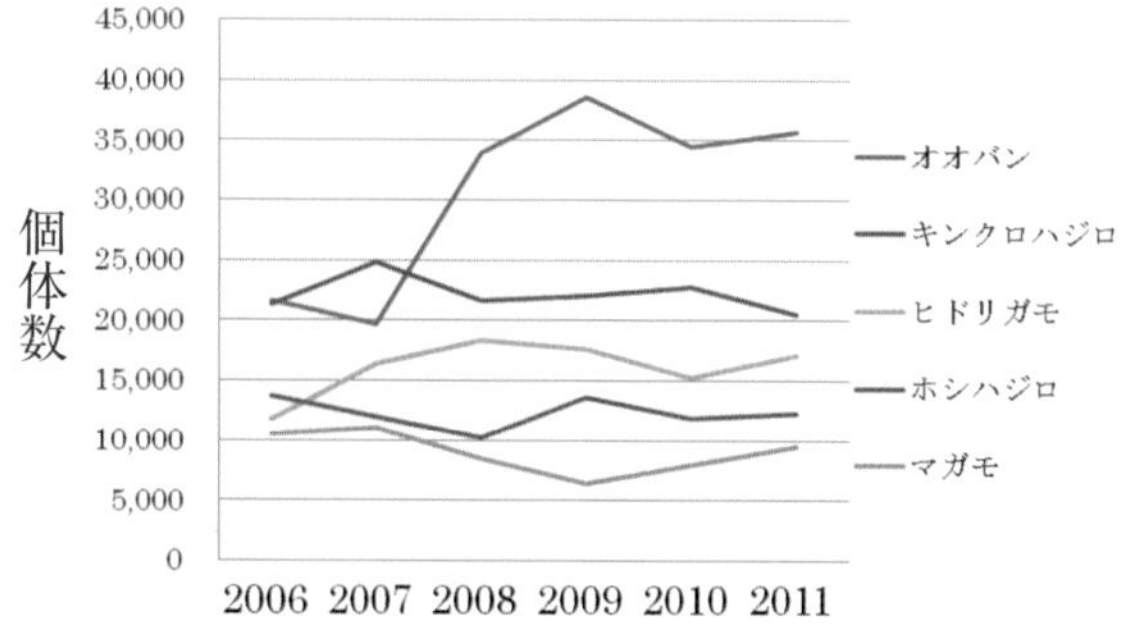

冬季のびわ湖の水鳥ベスト5の経年変化

ベスト５の中でオオバンが急増

最近のびわ湖の水鳥のベスト５は、先述のオオバン、キンクロハジロに次いで、ヒドリガモ、ホシハジロ、マガモという順になる。ヒドリガモは１万５千羽台、ホシハジロは１万羽台、そしてマガモは、時には１万羽を超える場合もあるが８千~１万羽台をキープしており、急増という現象は見られない。トップのオオバンのみがその数を増やしている。

図からも分かるように、２００７年は２万羽程度であったのが、翌年は３万４００２羽、２００９年になると３万８５６４羽を数える。この２年間で倍増し４万台に迫ろうとしている。

なぜオオバンのみが急増しているかについて、その原因は専門家の間でも明確な回答が得られていない。湖北野鳥センターの植田潤氏の話では、オオバンの増加はびわ湖だけの現象ではなく、全国的な傾向であるという。原因はよく分からないが、オオバンが現在の日本の湿地環境に適応してきたと考えるのが妥当だろうとのことであった。

オオバンは、昆虫・貝・甲殻類・水草など何でも食べる雑食で魚も口にする。水中にはあまり潜らないといわれているが、実は、潜水・倒立・首つっこみ・水面・跳躍・歩行など、餌をとるスタイルは実に多く、食べることに

キンクロハジロ（『滋賀の水鳥・図解ハンドブック』（新学社）より）

オオバン（『滋賀の水鳥・図解ハンドブック』（新学社）より）

は事欠かないと考えられる。

今後オオバンの数がどのように推移するかは予想できないが、自然界はうまくできていて、いつまでも増え続けてびわ湖がオオバンで埋め尽くされるようなことはないであろうし、そう願いたいものである。

カイツブリ、コハクチョウはなかなか増えない

県の鳥であるカイツブリの動向が毎年注目されている。今から約30年前は2千羽以上確認されていたが、今では600羽を超える年もたまにあるものの500羽前後で推移している。しかし、ヨシ帯に潜んでいたり、夏に飛来したりする場合もあるので、現在のように、年1回の冬の調査では限界があり正確な数はつかめない。植田氏によれば、びわ湖のカイツブリはこの数字の2～3倍は棲息していると推定できるという。

また、話題性の多いコハクチョウについては、びわ湖ではなく内湖などに飛来している場合が多く、県内全域の調査数は400～500羽というところである。近年は暖冬で雪が少なくなってきたので、餌を求めて朝早く水田などへ向けて飛び立ち、夕刻にびわ湖へ帰ってくるパターンが多くなった。昼間にびわ湖で見かけることが少なくなったので、湖北野鳥センターで今までのようにコハクチョウを観察することは、残念ながら難しくなってきた。

ヒシクイについては、2007年に県内で400羽を超えたこともあったが、最近は200～300羽台を推移している。餌である棘のあるヒシを一生懸命食べている姿を観察していると時間の過ぎるのも忘れてしまう。

以上、最近のびわ湖の水鳥の変化について概観してきたが、水鳥を環境のバロメーターとして見るならば、その変化は環境の変化を表していることになる。保全のための何らかの対応が求められている。

初出『み～な113号』2012年2月

竹生島のカワウと植生の回復

寺社仏閣のある竹生島

はじめに

竹生島にカワウが住みついて約45年が経過する。最初は珍しい水鳥として自然観察会の人気者であったが、今では被害を被っている漁師などの関係者から嫌われ者となっている。最近では、竹生島を被っていたタブノキやシイの常緑樹がカワウの糞の影響で次々と枯死し、見るに耐えがたい状態となってしまったのである。

私が竹生島を初めて訪れたのは、今から約60年も前の大学時代の夏休みであった。知人と一緒に西浅井町菅浦から手こぎボートで竹生島の北側から上陸し、サギの営巣を見て感激したのを思い出す。卵を抱いているサギもいれば、餌を待っているサギの子どもも間近で観察できた。生物研究室にいた私は、弱った子サギを1羽持ち帰り育てることにした。サギは元気になり、家族や近所の人気者となって子どもたちからもらうドジョウや小魚でどんどん

カワウ
（『滋賀の水鳥・図解ハンドブック』（新学社）より）

成長していった。人を恐れることはなく、1日何回か家の前に舞い降りて食べ物をねだっていた。やがて、自分で食べ物が捕れるまでに成長したのだろう、1ヶ月程たつとあまり戻ってこなくなった。みんなで「元気で頑張れ」とサギの成長を願ったものである。

その後も私は植生調査や野鳥調査のために竹生島を何回も訪れた。暖かい所に生育するタブノキやシイを中心とする常緑樹で被われたこの島は、植物学的に貴重な所で、びわ湖の中でも年間を通して暖かい場所であることが分かる。菅浦にもタブの木があり、みかんの栽培もできることから、菅浦も暖かい土地であるといえる。また、合併前の旧湖北町や旧びわ町も同様である。この緑豊かな竹生島が、カワウによって甚大な被害を受けることになるなど当初は誰も予測できなかった。

カワウの増加とサギ類の減少

私が県の自然環境審議委員をしていた頃に、びわ湖全域を鳥獣保護区にするという画期的な条例が制定された（昭和46年）。さらに竹生島は、サギ類のコロニーを保護するために「特別保護地区」にも指定された。当時としては先駆的な取り組みであったが、皮肉なことに今では、竹生島のカワウを射殺しなければならないという全く逆の深刻な事態になっているのである。自

カワウの営巣で裸地同然となったころ（2003年撮影）

然界は複雑で、人間が良いと思って手を打ったこともうまくいかない事例が多く、カワウの生息数の増加による深刻な被害は、誰も予測していなかった。

野鳥が集団で巣作りをするところを「コロニー」と呼ぶ。サギ類の仲間やカワウはコロニーを形成する代表である。竹生島は、かつてはサギ類のコロニーとしてよく知られていた。旧湖北町時代、「水とロマンの祭典」という夏のイベントが毎年開催されていた。私の役割は、「竹生島のサギ類のコロニー観察会」の指導員として、船上で竹生島の自然を解説することであった。当時は水深80ｍの湖水を汲み上げて、そのままお客に飲んでもらうというイベントもおこなっていた（それほど水がきれいであった）。

サギ類のコロニーで占められていた竹生島に、黒いカワウが営巣を始めたのは１９８２年（昭和57年）のことである。最初の頃は、島の北部付近だけだったが、年々数が増え、だんだん南部に向かって巣を作るようになってきた。追い込まれたサギ類は島の北部より南部に追いやられることになった。さらに年月が経過すると島全体がカワウに占領され、サギ類の仲間は、カワウのいない場所を探して営巣するという状況になった。サギ類のコロニーはカワウによって占領されてしまったことになる。

エアライフルによる捕獲作業

カワウ対策の効果

カワウのもたらす被害は、タブノキ林の枯死のみではなく、漁師にも大きな損害を与えている。カワウの好物は魚であり、彼らが口にするアユの量は半端ではない。

県も漁業組合も関係市町も、長年必死になってカワウを減らす対策に頭を悩ませてきた。今までいろいろな策がとられてきたが、残念ながら効果のある手法はごく最近まで見いだせなかった。

実施された対策は次のようなものである。①爆音機の設置　②ヘリコプターによるネット掛け　③石けん液の空中散布　④オイリング（卵に油を塗ってふ化を止める方法）

これらは一時的によい徴候を見せたが、根本的な効果にはつながらず、カワウと人間の知恵比べのような時代が長く続いた。そうした中、カワウはついに湖北エリアで6万羽（2008年秋）近くまで増えたのである。滋賀県は被害が目立たない4千羽程度が適当な数としているから、その増え方はあまりにも多いと言える。

その後いろいろな対策が検討された結果、2009年からは、専門家がかかわって従来から使用されていた散弾銃による銃器捕獲に加え、新たにエア

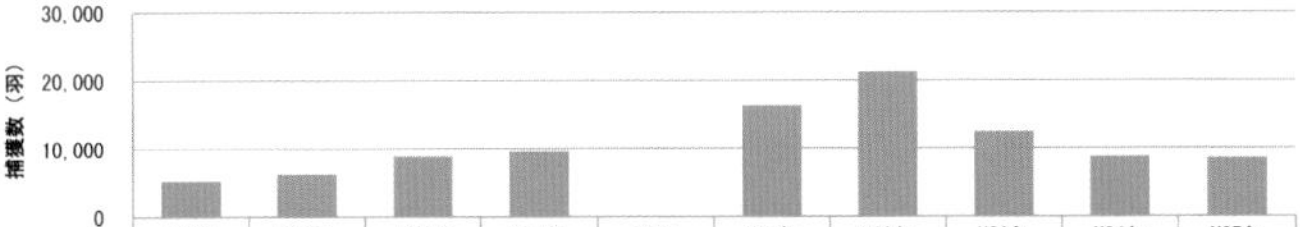

	H16年	H17年	H18年	H19年	H20年	H21年	H22年	H23年	H24年	H25年
	5,260	6,269	8,871	9,596	0	16,365	21,311	12,532	8,781	8,592

びわ湖北部地域のカワウ捕獲量（長浜市森林整備課）

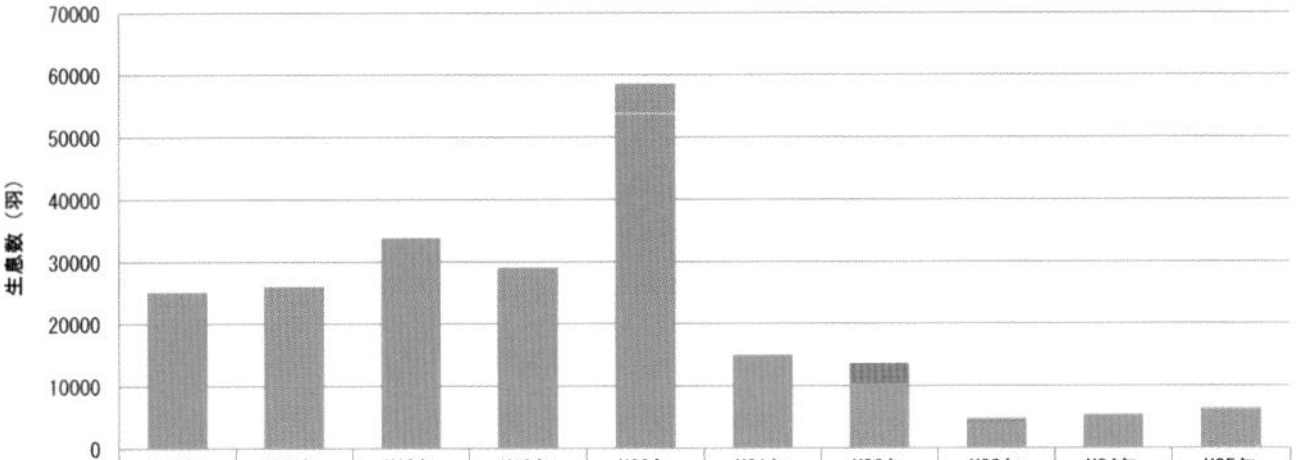

	H16年	H17年	H18年	H19年	H20年	H21年	H22年	H23年	H24年	H25年
奥の洲								402	0	152
葛籠尾崎							3267	4	0	0
竹生島	25170	26074	33876	29137	58547	14972	10333	4526	5399	6360

びわ湖北部地域のカワウ生息数（秋期）（長浜市森林整備課）

ライフルを導入して捕獲を行う作戦に転じた。これは、関係機関のネットワークによって立ち上げた「琵琶湖北部カワウ等対策事業推進協議会」が中核となって推進している。この作戦の特徴は、カワウの営巣時期によって散弾銃とエアライフルを使い分け、カワウの成長過程に合わせた効率的な捕獲を行うようになったことにある。この結果、劇的に個体数を減らすことができた。2010年度の銃による捕獲数は2万羽を超え、湖北のカワウはここ数年間5千羽前後で推移している。

一時6万羽いた竹生島のカワウが、今は10分の1近くまで減少しているのであるから、その効果には目を見張るものがある。過去のカワウの多さを知っている人には、最近の現象を歓迎している人が多い。今後、このまま増加に転じなければ、竹生島は自然の治癒力（生態系の回復力）によって、緑豊かな島に復元していくに違いない。

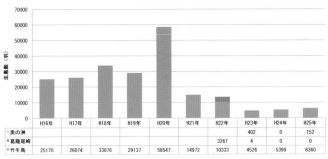

よみがえった植生の回復

滋賀県は1997年にカワウによる竹生島の植生影響調査を実施し、2007年には「カワウ総合対策計画」を打ち出し

緑がなくなった竹生島

生態系が戻りつつある

ている。同年「２００７年度の竹生島の植生被害の報告書」を発刊し、以降、さまざまな対策を講じながら被害の実態を調べ、毎年報告書を出している。島の北側から始まった樹木の枯死は、南部の観光エリアを除く島全体へと広がっていき２００８年度まで続いたが、カワウの激減により、翌年度から徐々に樹木の緑が復元してきた。

自然の回復力の強さには驚くものがある。裸地を好んで生育するアカメガシワ、イタドリ、ヨウシュヤマゴボウ、カラスザンショウ、チマキザザなど先駆性のある植物が大変な速さで繁茂しはじめ、島全体を緑に変えている。すでに一部では、島のシンボル樹であるタブノキの実生や７ｍに達するアカメガシワも確認されている。

この調子でカワウの増加が抑えられれば、数十年後には植物の遷移（植物の群落がその姿を変えること）は順調に進み、やがて竹生島本来のタブノキを中心とした常緑広葉樹林に戻ると考えられるが、そのためにはモニタリング調査を続け、必要な対応を講じていくことが大切である。

さらにすばらしいのは、地元のびわ北小学校の子どもたちが、タブノキの苗を育てて植樹するという自然復元活動に取り組んでいることである。びわ中学校のヨシ植栽の取り組み同様、環境保全学習のモデルであり高く評価したい。

《参考文献》

『滋賀の自然』（財団法人滋賀県自然保護財団）
『日本の重要植物群落　近畿版』（環境庁　昭和55年）
『平成27年度竹生島植生被害モニタリング調査業務報告書』

初出『み～な121号』２０１４年５月

コウノトリの巣作りを願って

湖北に多く飛来

木尾の人工巣塔に止まっているコウノトリ
（写真提供／安藤博之氏）

はじめに

「村上先生、コウノトリが見つかりました。余呉町の摺墨《するすみ》の田んぼの中です。待っていますからすぐ来てください」と愛鳥家の安藤博之さんから待望の電話があったのは、5月22日の午前11時頃であった。「朝から探すので、見つかったら連絡する」という約束であった。「今行く」と返事をして車を走らせた。

現場で待っていた安藤さんと落ち合い、フィールドスコープで観察させてもらった。コウノトリは私たちの50mぐらい先を餌を探しながらゆっくりと歩いていた。いつ見ても大きな鳥である。拡大して脚を見ると4色の足輪を付けている。これによって個体識別ができるようになっているとのことであった。

安藤博之さんは1947年愛知県生まれで、新幹線「こだま」「のぞみ」

ドジョウが大好物（写真提供／安藤博之氏）

などの運転士として33年勤務、退職後、野鳥観察を行っている。２００５年9月豊岡のコウノトリが自然放鳥される様子をみて、コウノトリを追いかけるようになった。２０１８年までにコウノトリを確認した日数は１１００日を超えている

安藤さんの観察によると、湖北はコウノトリにとって棲みやすい環境であることがわかってきたという。安藤さん達は今年1月22日、コウノトリが巣作りしやすいようにと長浜市木尾町（旧浅井町）に人工巣塔《すとう》を設置し、巣作りが始まるのを待っている。この人工巣塔に遊びに来ていることは、すでに確認されている。

今回は、ここ数年、滋賀県内でもあちこちに飛来が確認されて話題の多いコウノトリの県内の様子について、安藤さんのお話を聞いて整理してみることにした。コウノトリの保全に関心を持つ人が増えてほしいというのが私の願いである。

コウノトリの基礎知識

①羽根の長さ2mと大型の野鳥で、天然記念物に指定されている。

②肉食で、アユ・ドジョウ・ナマズなどの魚、クモ・トンボ・バッタなどの昆虫、カエル・アカハライモリなどの両生類、カメ・ヘビなどの爬虫類、

モグラなどの哺乳類など何でも食べる。大食家で成鳥は一日500gも食べる。雛の時は1kgの餌を食べるというから驚きである。

③分布は、韓国・中国・台湾・北朝鮮・日本・ロシアに限られ、現在の生息数は2~3千羽程度と厳しい状況下にある。

④日本では3月下旬から4月上旬が繁殖期で、卵は2~6個生む。約2ヶ月で巣立ちする。

⑤かつては日本の各地に生息していたが、明治時代に入ると狩猟が解禁となり、乱獲によって激減。明治中期には各地のコウノトリが消えてしまった。

⑥兵庫県の豊岡盆地は湿地が多く、最後までコウノトリが残っていた。

⑦豊岡盆地でも、戦後の圃場整備、農薬や化学肥料を使った農業などによってコウノトリは激減し、官民挙げての保護活動や人口飼育も続けられたが、1986年、最後の1羽が死亡し日本のコウノトリは絶滅した。

⑧幸いなことに、1985年、ロシアから日本に贈られた6羽のコウノトリの飼育は、「兵庫県立コウノトリの郷公園」(豊岡市)で順調に進んだ。100羽以上が孵化したので、県は2005年5羽の野外放鳥を試みた。

⑨放鳥は順調に進み、放鳥個体数は現在140羽を超え、日本各地を飛び回っている。

滋賀県の現状

毎日のようにコウノトリを追い続けている安藤さんの話では、２００５年から順次全国に放鳥されたコウノトリが滋賀県で初めて確認できたのが、２００９年で、場所は長浜市の湖北野鳥センター近くの山本山のあたりであったという。その後、愛知川の国道８号近くや東近江市、日野町、湖西では安曇川周辺やマキノ高原スキー場周辺で確認できているという。１羽か２羽でいることが多いが、一度に10羽〜13羽かたまって見られる時もあるという。

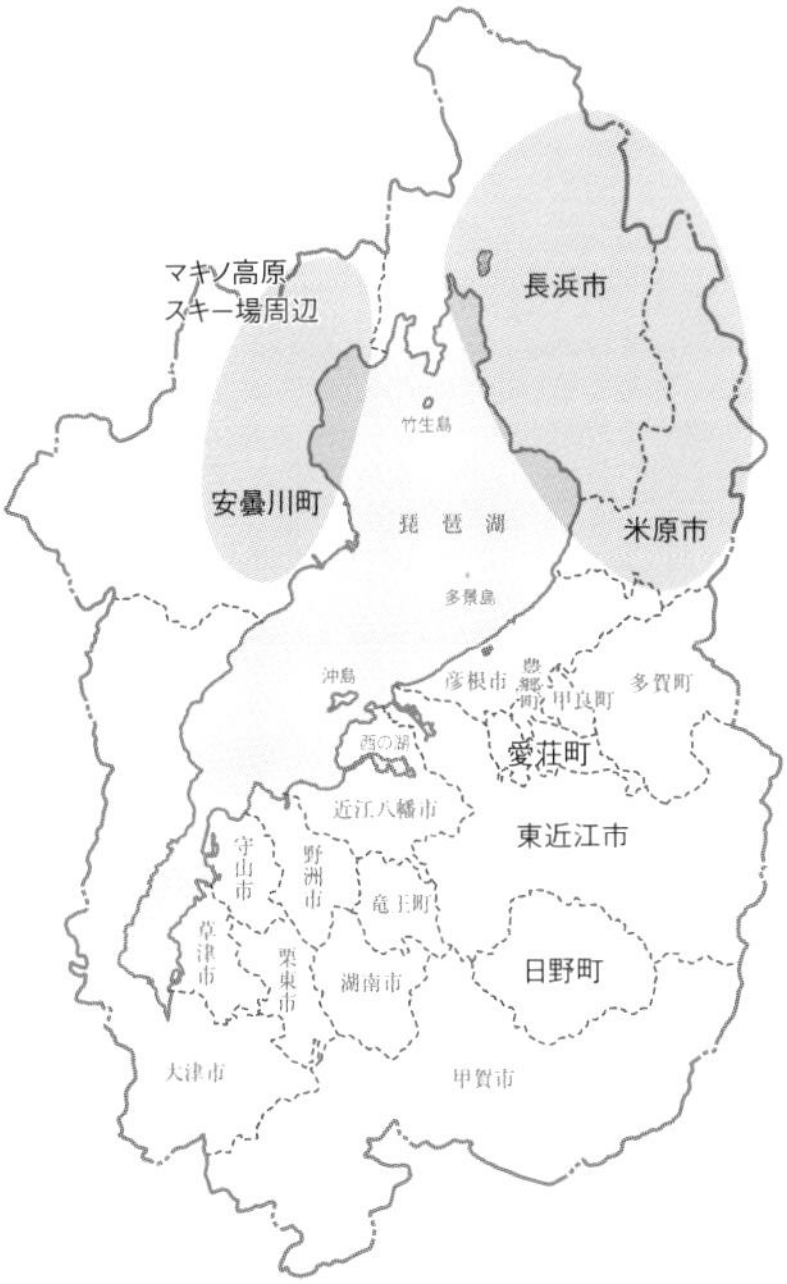

滋賀県内のコウノトリの主な飛来エリア

最近は、米原から北の湖北地方での確認数が一番多いという。このことは、大食家である彼らの胃袋を満たす餌が多いことを示唆する。また湖北には、減農薬や自然農法の水田など、コウノトリにとって住みやすい環境条件が備わっていることも意味している。

前述の人工巣塔には、設置した翌日に2羽のコウノトリが止まっていたのを安藤さんたちが確認している。一番長く止まっていたのは3時間とのこと。こうした人工巣塔設置の取り組みは少しずつ全国各地に広がっていて、

一度に10羽以上見られる場合もある（写真提供／安藤博之氏）

コウノトリ観察を続けている安藤博之さん（彦根市在住）

すでに巣塔で雛がかえった報告も多いという。

木尾の人工巣塔で雛がかえれば大きな話題になるだろうし、その日が来るのが楽しみである。そのためには、豊かな自然環境の保全が不可欠となる。

今後の課題

貴重な生きものの保全は、国の大きな使命である。しかし、現実には住民団体や保全に熱心な個人の取り組みが大きな力となっている。このことはコウノトリだけではない。私がかかわっているオオサンショウウオにしても、ヒシクイやイヌワシ、クマタカの保全にしても同じである。

貴重な生きものが殺されるなどの大きな事件が起きてから行政が動くという体質は今も変わっていない。国、県、市町村など行政がイニシアティブを取って、関係者との情報交換を頻繁に行い、先手を打った対策を検討、実施するなどの早急な対応が必要である。

毎日のようにコウノトリを追いかけている安藤さんの情報は貴重である。県や市町はネットワークを駆使して情報を収集し、迅速に対応できるシステムの構築が必要であると強く感じた。

初出『み〜な138号』2019年7月

第8章　ビオトープ

ビオトープの思想が生物を救う

はじめに

京阪神の水瓶ともいうべきびわ湖をもつ滋賀県では、その水質を悪化させないよう、早くからさまざまな取り組みがなされてきた。また、びわ湖の環境を保全するための調査研究も、琵琶湖研究所などを中心に数多く行われてきた。びわ湖には水質を観測するための地点が何ケ所も設置され、定期的に調査されている。そして、大変な量の調査資料が蓄積されてきた。そのなかには、陸上の動植物についての調査結果も多く含まれている。しかし、残念ながらこれらの資料が県民に有効に知らされ、利用されることは少なかったように思う。

自然保護、環境保全をすすめていくには、行政と住民の心地よい緊張関係の確立が大切であることは今日の常識となっているが、琵琶湖総合開発の経緯を眺めてみると、そうした取り組みはほとんどなかったのではないかと思う。

琵琶湖総合開発の残したもの

膨大な国家予算を投入し、約30年間にわたって実施されてきた琵琶湖総合開発には、「治水」「利水」「環境保全」の3つの目的があった。びわ湖の水位を最大1・5mまで下げることが可能という条件のもとに、環境への影響を最大限に防ぐための工事がなされてきた。水田の用排水の管理のための圃場整備、水源を保つ森林の保全という目的のスギやヒノキの拡大造林、港や湖周道路の整備が急ピッチで行われ、山には多くの林道が作られた。

その結果、大雨や干ばつにも比較的強くなり、被害も少なくなり、県民は安心して生活できるようになった。これは、総合開発の「治水」「利水」という目的が達成されているからである。

しかし、道路整備、湖岸の埋め立て、拡大造林、圃場整備などの膨大な工事は、環境保全、とりわけ生物に大きな打撃を与えてしまった。豊かな自然林を伐採して実施された植林や林道の開発は、動物たちの住みかを奪ってし

昆虫をふやすためのビオトープづくり（水口こどもの森）
左：工事完成直後（コンクリートは一切使用していない）
右：1年後の姿（多くの昆虫が生息し、豊かな自然ができつつある）

まった。川幅を広げ、川の底を下げ、さらに3面ともコンクリートで固めるという単純な人口河川や、ヨシやヤナギの湿地帯を壊して作られた湖周道路の完成は、便利さとうらはらに、私達の身の回りから急激に生きものを消してしまうことになった。

こうした視点から見れば、琵琶湖総合開発は、治水、利水に関しては成功しているが、環境保全、とりわけ生きものの保全という目標から見ればマイナスであり、大きな課題を残したといえる。今私達はこの点を真剣に考えなくてはならない。

これからは「ビオトープ」が合言葉

琵琶湖総合開発事業が終了した滋賀県は、現在びわ湖を中心とした生態系保全に全力を投入している。生態系保全とは、さまざまな生きものの世界を保全しようという意味である。

「単純な環境に住む生物の種類は少ない」というのが生態学の常識で、私達は滋賀県の自然環境を、さまざまな開発行為によって単純にしてしまった。これからは、多くの生物が住める多様な環境の保全、復元、創造に取り組まなくてはならない。

「ビオトープ」という言葉は、豊かな生きものの世界を作っていくプログラムの中でよく出てくるドイツ語で、日本語では「生物のいる空間」という意味である。すでにドイツでは、3面コンクリートの川をこわして、元の自然の川づくりを始めたり、なくしたヨシ帯を再生している。「川づくりは川に学べ」「山づくりは山に学べ」というビオトープの鉄則が貫かれている。一度こわしてしまった自然は、復元や創造が必要となる。しかし、どこかに生物の豊かな山や湿地、里山などが残っていたならば、手をつけずにおくこともビオトープの基本的な考え方である。

このようにビオトープは、自然の保全・復元・創造の3つの意味を含んでいるが、いくら自然らしい姿になっても、生きものがいなくては意味がない。大切なのは見た目の美しさではなく、何種類の生きものが、どれだけ生息しているかということである。川や沼、湿地などを、ビオトープの視点から順位付けするなら、ポイントとなるのは生きものの種類とその数の豊かさなのである。

環境を守るのはわたしたち住民

農村の多い滋賀県には、まだまだ豊かな自然が残っている。私達は行政と力を合わせて、そうした自然を守って行くために立ち上がらなくてはならない。開発事業がなされているときは、生物が生き残れる工法に切り替えるよう働きかけることが必要である。
現在の滋賀県の姿勢は、従来のトップダウン方式から、ボトムアップ方式に変わりつつある。これは環境行政を行うには大変望ましいシステムであり、どうしても住民とのパートナーシップが必要なのである。今、県の土木、林業、農業関係の機関は、ビオトープ事業に真剣に取り組んでいる。地域の環境を守り育てるのは、結局、地域住民であるという基本的な考えにたって、これからのビオトープ事業に私たちも積極的に関わっていくことが何よりも大切である。

初出『み〜な59号』1999年8月

今「学校ビオトープ」を考える
生きものを再生する新しい環境学習

はじめに

近年、多くの学校において学校ビオトープに関心がもたれ、実践の広がりを見せていることはうれしい傾向である。特に2002年度から始まった「総合的な学習」の時間の活用場面として脚光を浴びている。体験を伴い、保護者や地域住民と一緒に取り組めるという活動スタイルが、時代の流れに乗った新しい取り組みとして評価されているのである。

しかし、そのねらいや理念が正しく理解されているかどうかについては疑問がある。

最近私はビオトープづくりに関して話す機会が多い。耳慣れない言葉であるために、最初は取っつきにくい感じを受ける人もあるようだ。

ビオトープの取り組みとは、簡単に言えば、「生きものの保全と再生の実践プログラム」ととらえてもらえばよい。今までも、ゴミ拾いなどの環境学

老蘇小学校（安土町）の学校ビオトープ。たくさんのメダカやタナゴが棲息している

習はよく行われてきたが、生きものを真剣に保全するという実践例はそれほど多くない。

バブルの崩壊を境に、森林などの開発は下降路線を辿っているが、逆に、開発によって多くの自然を破壊してきたことに気づく国民は増えてきた。そして、先祖が残してくれた自然を、たった数十年間で壊してしまったことに悔いを感じ、「もうこれ以上自然の破壊をしてはいけない。残された自然は大切に次の世代に引き継いでいかねばならない。それが私たちの役割である」と考える人も増えてきている。

長年環境保全の啓発に関わってきた私にとってはうれしい傾向であるが、具体的な行動に移すとなるとなかなか難しい。

確かに行政も大きく変わってきた。環境省、国土交通省、農林水産省も事業の推進にビオトープの考えを取り入れ、生態系保全を重視した施策や工法を提案し、推進してきている。しかし、都道府県や市町村段階の事業については、今も従来の手法と依然変わっていないところが多い。

すべての工事がビオトープの姿勢をもって取り組まれるまでには、今後まだまだ長い年月を要すると思われるが、時代の流れは確実に良い方向に向いている。ただ、地域による温度差が大きいのも現状である。

親子で一緒にビオトープを作る

「ビオトープ」と「学校ビオトープ」

ここで「ビオトープ」と「学校ビオトープ」について整理しておきたい。すでにご存知のように「ビオトープ」とは、もともとドイツ語のＢＩＯ（生物）とＴＯＰ（場所）の合成語で、野生の生きものが生まれ育つ地域の生態系のことである。ここで大切なことは、「生きものが生まれ育つ」という概念である。ある池にいくら多様な生きものが棲息していたとしても、生きものが増えなければ、そこはビオトープとして良い場所とは言えないということである。

そこに棲む生きものが子孫を増やすことのできる環境であるかどうかが、ビオトープの重要なポイントである。

次に大切なのは、ビオトープという概念の範ちゅうである。

ビオトープを、生きものの棲める空間を新たに造る作業に限定してとらえている人が意外に多いが、その概念には「保全・復元・創造」の三つが包含されている。よって、生態系の豊かな環境を大切に保護する活動は、まさにビオトープとしての取り組みといえる。また、すでに破壊されてしまった自然環境を少しでも生きものが棲みやすいように復元したり、生きものがいない場所に、人工的に川や池、湿地を作って付近の生きものを棲まわせたりするのも、ビオトープなのである。

では、「学校ビオトープ」という概念はどのように考えればよいのであろうか。人によって解釈は異なるかもしれないが、私は次のように考えている。すでに学校の敷地内やその周辺の豊かな自然環境はもちろんのこと、それらを復元したり、新しく創造したりすることによって生まれた自然環境が、生徒たちの学習や遊びにかかわりを持つ場合、それも学校ビオトープに含まれる。

たとえば、子どもたちが、学校の近くにある3面コンクリートの川を、少しでも生きものが増える川にしようと砂や泥が溜まるようにさまざまな工夫をするなどの学習を行った場合、これは立派な学校ビオトープとしての取り組みである。

国土交通省や農林水産省が推進している「川の学校」「たんぼの学校」「森の学校」も、学校ビオトープとしての取り組みである。これらは、学校という限定されたエリアの中のみの事業だけに限定せず、地域の自然や文化にふれたり、地域の人々と係わりをもたせながら進めていこうとしているものである。

今求められている開かれた学校とは、児童や生徒たちが、学校という垣根を越えて地域に学ぶことであり、「キャンパスはふるさと、テキストは生きもの」というイメージである。

学校の近くの小川で、生きものを調べる中学生（西浅井中）

ビオトープの池も定期的な調査が必要。水をぬいて生きもの調べをする中学生（西浅井中）

大切なのは子ども達の参画

自然環境がほとんどない都会では、学校の中にビオトープを造ろうとする取り組みが多い。しかし、周辺に豊かなビオトープ空間が残されている田舎の学校では、そうした場所に関わることが学校ビオトープに取り組むきっかけになる。滋賀県においても、現在は、生きものの多い豊かな自然空間が少なくなり、地域や学校でのビオトープづくりが積極的にすすめられるようになってきている。

とくに学校ビオトープは、新しい教育実践方法としてこれからも多く取り入れられていくであろうが、最後に強調したいことは、その主役は、あくまでも子どもや生徒でなくてはならないという点である。「最初に学校ビオトープありき」ではなく、まず子どもたちがこうした取り組みに主体的に参画できるプログラムを作ることが大切なのである。

地域の自然や生態系の基本を学ばずして、ただ大人の指示に従って作業を手伝っているだけでは、21世紀の環境保全のきびしさに立ち向かえる人間は育たない。

初出『み〜な77号』２００３年２月

早崎内湖ビオトープは今

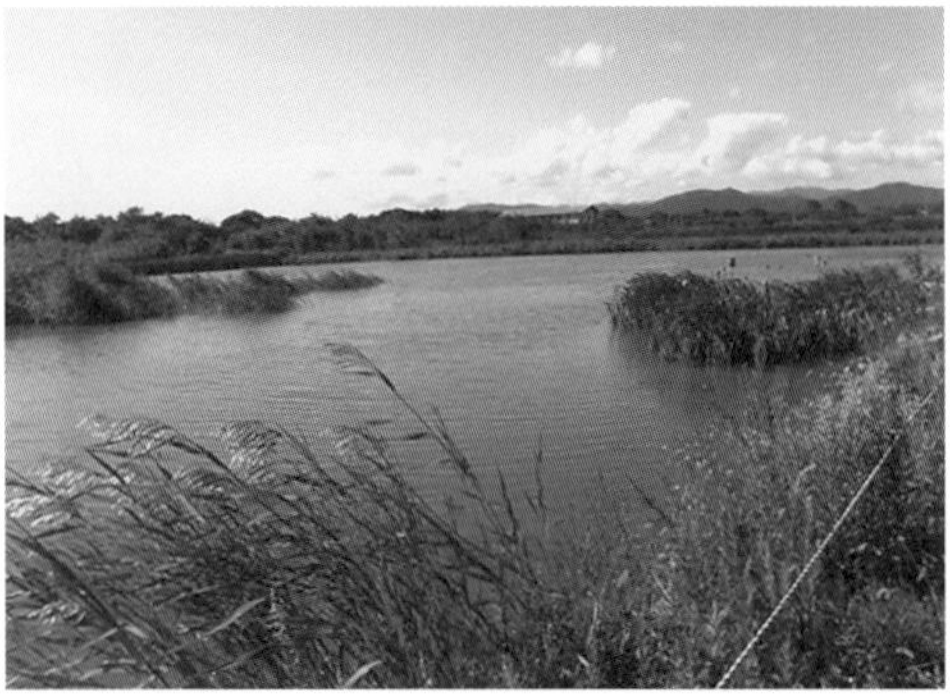
内湖再生を始めて7年目を迎えた早崎内湖干拓地の様子

今までの経緯

(1) 滋賀県は早崎内湖干拓地約900反の内、約270反を地元から借り受けて水を張り、生きものを中心として環境がどのように変化するかについて調査を開始した。その後季節ごとに調査は続けられ今日に至っている。厳しい経済状況の中、2008年度から調査は隔年になったが、県は今後も続けていく予定でいる。

(2) 生きものは最初は増えるが、やがて減っていく。昭和40年代に余呉湖周辺の水田が県の買い上げによって放置された経過を調査していた体験から、「生きものの種類は3～4年間は増え続けるが、その後は横ばい、もしくは減っていく。特に水田はすぐにガマやヨシが生え、早ければ3年後にヤナギやハンノキの樹木が生えてくるだろう」と予測し、その対応を検討しておく必要があることを提案しておいた。早崎内湖も例外なく同じパターンとなっ

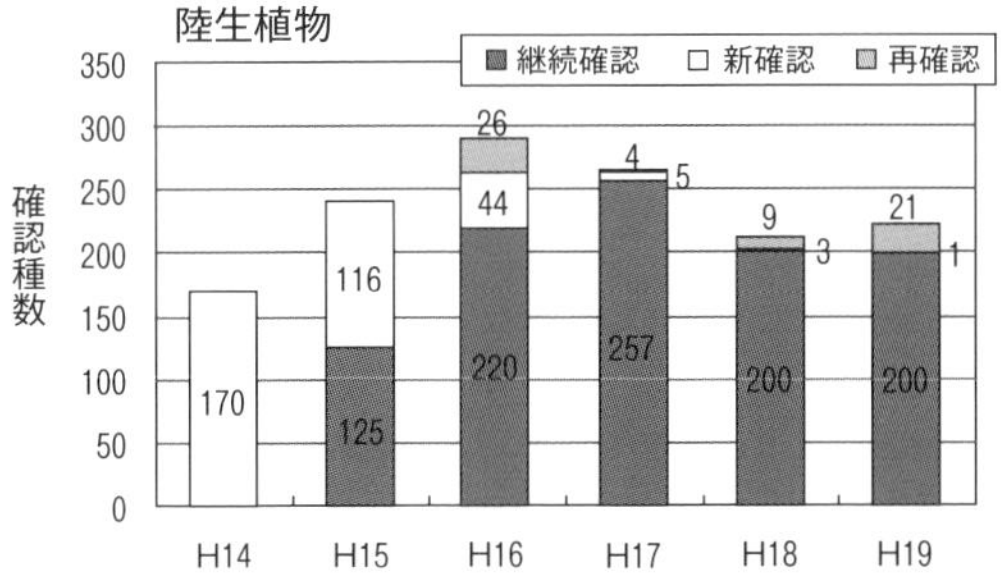

図1　陸に生える植物の種類数の変化（滋賀県提供）

繁茂したヤナギを伐採

てきた。

図1は陸に生える植物の種類数の変化である。実験が始まって3年後には2倍の300種類近くまで増え続けたが、その後減ってきている。今まで確認できた種類は335種類である。景観的にヤナギ群落やハスの大発生が大きな課題となってきている。ハスについては3年前からボランティアによる刈り取り作業が実施され、ヤナギは昨年秋、一部が伐採された。タコノアシ、ミゾコウジュ、ミクリなど注目すべき植物は20種類が確認されたが、2005年度には12種類、2007年度の調査では5種類に減少している。

(3)　最初はガマが大発生したが、今はウキヤガラに変わりつつある。ヨシについては年々減ってきている。この減少の原因は、元は水田だったため最初の数年間は歩けるほど底がしっかりしていたが、5年目あたりからヘドロのように土がなくなり、ヨシの根がしっかり押えられなくなってきたからではないかと考えている。

環境の変化に敏感な水鳥たち

水鳥の経年変化は図2の通りである。やはり4年目から減ってきている。今まで確認できた種類は107種で、17種類の貴重種が確認された。丁野木川《ようのきがわ》より北の北区にはゴイサギが営巣している。冠水2年目からはコ

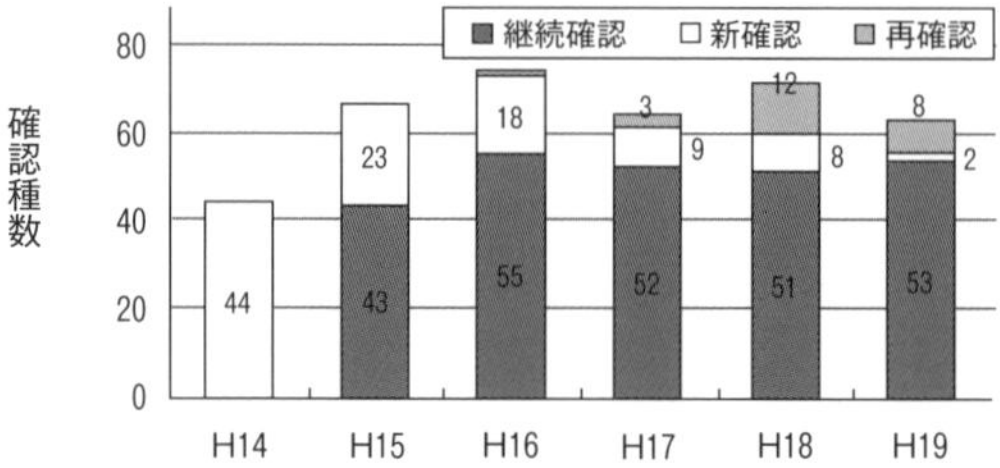

図2　水鳥の経年変化（滋賀県提供）

ハクチョウの新しい飛来地として有名になり、多くのカメラマンが訪れたが、今はそうした光景はなく、2年前からは川の南側の南区に数羽が確認できる程度に激減している。

また、オオヨシキリ、バン、カイツブリ、カルガモが繁殖し、毎年かわいい雛を育てていたが、今はカルガモが営巣しなくなっている。ビオトープ一帯にヤナギやハンノキが茂り、小動物も増えてきたため、ミサゴやオオタカ、チョウゲンボウなどの猛禽類が確認できるようになってきたのが特徴である。

ブルーギルなどの外来種が混入

魚などがほとんどいなかった水田に水を入れた結果、急に多くの水生動物が生息し、大量のメダカやウシガエルのおたまじゃくしが見られた。最初の4年間は、多くの子どもたちが魚つかみを楽しんだものである。しかし、今はそうした光景は見られない。それは、底の泥が柔らかく歩けないほど危険な状態になったからである。今まで32種類の魚類が確認されたが、外来種としては、現在はワカサギ、オオクチバス、ブルーギル、カムルチーの4種類が生息している。

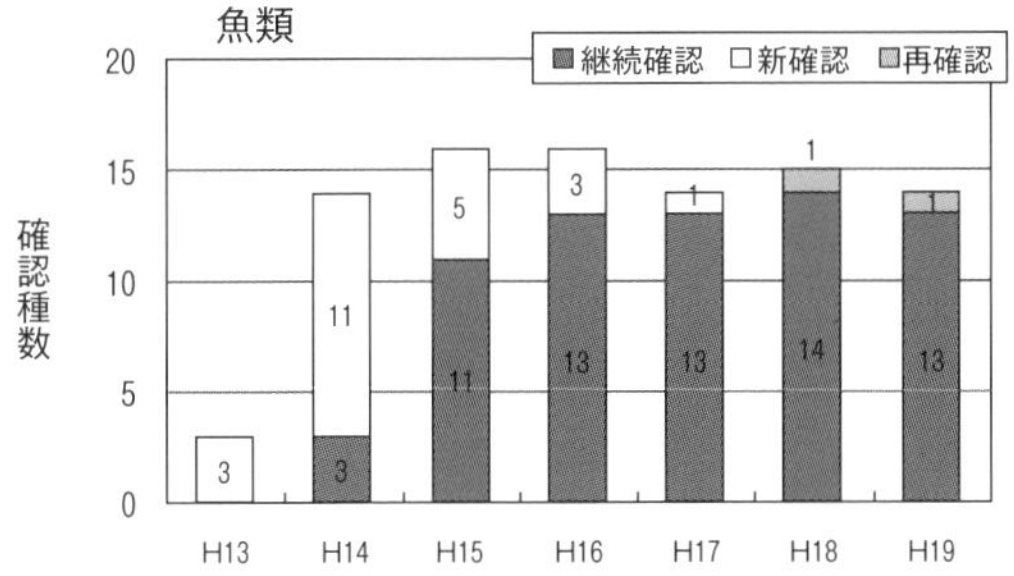

図3　魚類数の変化（滋賀県提供）

今後の早崎内湖ビオトープはどうなるのか

これらの長年の取り組みは、この干拓地をもとの内湖に再生するためである。県はそのために２００２年度に専門家や関係者など50名近い大型のプロジェクト「早崎内湖環境調査検討委員会」を立ち上げ、２００７年３月まで検討を続けた。県はこの答申を受けて２００８年６月に「早崎内湖再生計画案」を策定し発表した。

この計画案には、生きものの楽園づくり、生物資源の確保、環境学習の中核地点の整備など、大きくて楽しい夢が描かれている。日本最大の内湖再生事業の方向は定まったが、実施については様々な課題をクリアしなくてはならない。費用の捻出、びわ湖とつないだ場合の外来種問題などである。しかし、何よりも大切なことは、地域住民の熱意と協力である。再生事業の根幹は、地域の環境を保全することや、それを活用する地域住民だからである。すべて行政に任せておく時代は終焉を迎えている。新しい長浜市民に課せられた課題でもある。

初出『み～な106号』２０１０年４月

ヤンマーミュージアム「屋上ビオトープ」

ヤンマーミュージアムの屋上に造られたビオトープ

はじめに

ヤンマーミュージアム（長浜市平方町）の屋上にビオトープが作られていることを知ったのは2013年のオープン直前の内覧会に参加したときであった。

担当者の説明の後、まず、館内を視察した。館内は世界のヤンマーとして成長してきた歩みがわかりやすく展示してある。農家は言うに及ばず、多くの人が重労働から少しでも解放されたいと願う気持ちと、小型ディーゼルエンジンを開発することによって、その悲願に必死になって応えようとする企業努力の姿が、時系列に展示され、非常に興味深く、共感をもって歴史をふりかえることができた。子どもも大人も楽しめる体験コーナーもあり、入館者は、開館約5ヶ月で5万人を超えている。

ユニークなのは、屋上にビオトープの施設が完成していたことである。

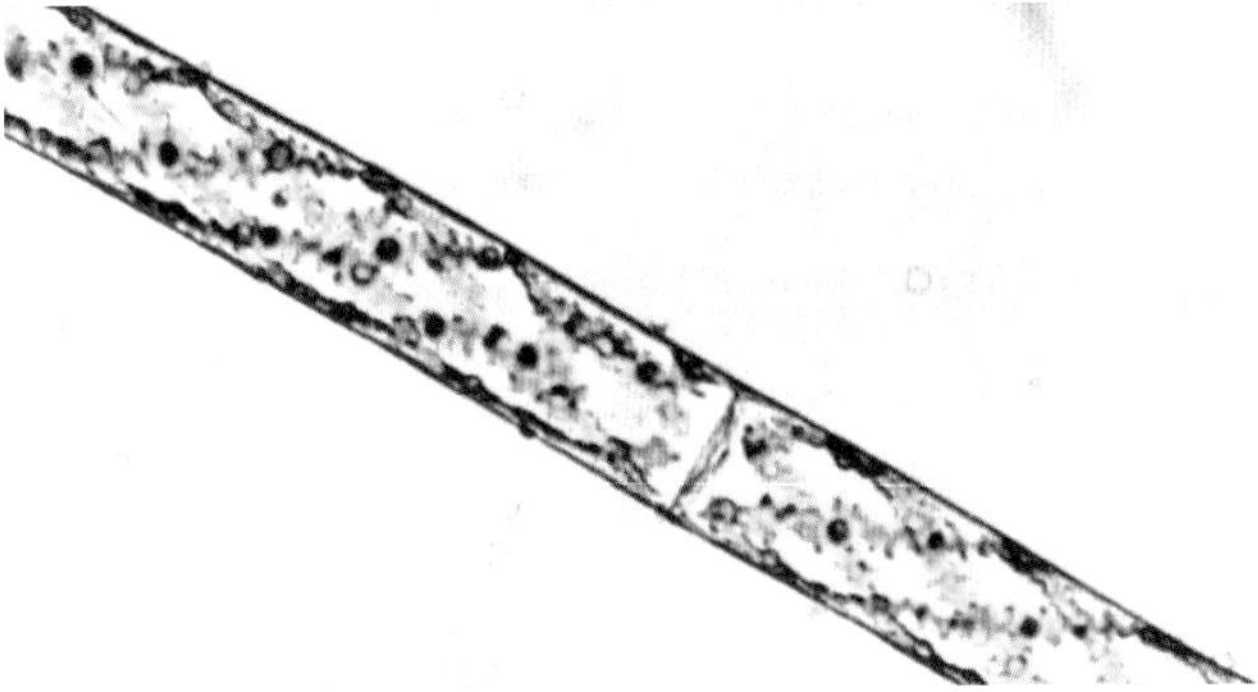

プランクトン（アオミドロ）（『日本の淡水プランクトン』（合同出版）より）

「先生もこのビオトープに関わっているのですか」と数名の知人から尋ねられたが、私は設計段階には関わっていなかった。大変良い出来栄えであり、ここで生きものが順調に育ち、湖北のビオトープのモデルとなれば有り難いと願っていた。

その数日後、「これから生きものを入れてビオトープを作っていくので、アドバイスをして欲しい」との依頼があり、4月10日から本格的に関わることになった。

設計段階から関わっている琵琶湖博物館の楠岡氏や、ビオトープ関係の専門会社に籍を置く滋賀虫の会会員の牛島氏、また、プランクトンに詳しい「滋賀の理科教材研究委員会」の井田氏などとは、アドバイザーのメーリングリストによって情報の共有化ができるので、今のところどんな質問にも即答できる態勢が整っている。私が一番理想とするネットワークスタイルである。さらに「滋賀ビオトープ研究会」の会員にも随時相談できる状況下にある。

職員の中にビオトープに詳しい人はいないが、担当の伊東さんという若い女性が大変熱心で、毎日の様子をメールで次々と伝えてくれる。「メダカの赤ちゃんがどんどん増えています」「ドジョウの赤ちゃんもウヨウヨしています」「アオミドロが増えるので毎日とっていますが、どこに捨てればよいですか」「ビオトープにトンボがやって来ました。糸トンボのよ

顕微鏡でプランクトンを観察

うですが、何という種類か分かりますか?」「トンボのヤゴが見つかりました、何というトンボですか」「添付の写真のドジョウですが、間違いなくドジョウですよね? 1匹だけ赤っぽいドジョウがいて気になります」「ついにトンボのヤンマがやってきました」「5㎝もある魚は何ですか。メダカではないでしょうね」。

こんな調子で伊東さんの発見と驚きのメールが次々と入ってくると、アドバイザーから即座に返答が送られる。

「メダカはどんどん増えます。4月から9月にかけては、毎日のように産卵するので、かなりの数になりますよ。メダカは暑さにも強いので、水温の上昇は心配いりません。但し水温だけは測っておいて下さいね」

実はこのビオトープ、太陽がギラギラ当たる所にある水深30㎝程度の池で、水温の上昇が激しい。しかも基本的に水の流れない「止水ビオトープ」なのである。最高35℃まで上昇したとの連絡も入っている。

「これはヒメゲンゴロウとコオイムシの幼虫です」「写真の右のトンボはアジアイトトンボの雄です。左はアカネの仲間です。シオカラトンボもいます」「ギンヤンマがやってきておめでとう。次は日本最大のオニヤンマですね」「大きな魚はメダカにまちがいありません」「主なプランクトンはアオミドロ、クンショウモ、サヤミドロのほか、ツキガタワムシなど4種類のワムシです。ボルボックスもいましたね」

コウホネ
（『滋賀の水草・図解ハンドブック』（新学社）より）

こんな調子で、屋上ビオトープの生きものが順調に増え続けている様子が刻々と伝わってくる。ミソハギ、シロネ、コウホネ、セリ、オモダカなどの花も咲いている。8月中旬現在、今日までの様子を見る限り、メダカとトンボの池を目指しているビオトープづくりは順調な滑り出しである。

今後の見通し

ビオトープにメダカが増え続けるのはよくあることだが、屋上ビオトープでこんなに順調に増え続けるのは珍しい。しかし、生態系が安定しようとすると、ある生きものがどんどんいつまでも増え続けることはなく、どこかの段階で変化が生じるのが常である。数万というメダカが2年後にほとんど姿を消してしまったケースもある。

このビオトープにおいても同じことが言える。大量のメダカの餌が十分あるかどうか、トンボの産卵によって発生する大量のヤゴがメダカの稚魚を捕食したり、メダカ同士が共食いしたりして、やがて減少傾向に転じる時が来ると思われる。さらに多様な環境をつくるために、ここにモロコ、ギンブナ、モツゴ、タナゴの仲間などの魚を放流すれば、メダカはさらに捕食されていく。

どの程度の規模で安定的に生きものの空間を増やしていくかについて

ビオトープ観察会の様子

は、ヤンマーミュージアムの意向にそってアドバイスしていくことになるが、「田園空間を再現したビオトープ」づくりという当館の基本姿勢を維持していくことが大切である。

博物館では、メダカの放流からスタートさせた「ビオトープ観察会」を定期的に開催している。この観察会を通じて、ビオトープの維持管理の問題点を整理し、数年後にはいろいろな生きものが豊かに生きる理想的な水田ビオトープが完成することを期待したい。

読者の皆さんも入館されたら、屋上ビオトープにどんな生きものがいるか、じっと観察し、また観察会にもぜひ参加していただきたい。

備考

この原稿はオープン当時のもので、現在ではメダカは２０００匹程度で推移している。２０１９年10月リニューアルオープンしたが、ビオトープは現状のまま残されている。

初出『みーな119号』２０１３年９月

千石谷における生きもの消滅とビオトープ

常に豊かな水が流れていた谷川

千石谷が廃棄物処分場に

米原市番場の「千石谷」はかつて棚田で、米が千石取れたのでこの名前がついたといわれる。約40年前までは田んぼを耕作していたが、耕作しない農家が少しずつ増えてきた。昭和の終わりに、「湖北広域行政事務センター」（以下センター）（※1）が、この場所に「一般廃棄物の最終処分地」の整備を計画した。初めは反対もあったが、徐々に建設に対する理解者も増えていった。

生きものを保全する提案

私たち保全を願う仲間は、貴重な生きものがいるこの場所をぜひとも残す必要があると考えて反対の声を上げたが、大きな声にはならなかった。その

メダカの引っ越し大作戦（2016年6月）

後、センターは整備計画を推進、議会も通過し建設に向かって一挙に動き出した。

計画では、千石谷の奥はすべて処分場と公園、管理棟などで埋め尽くされることになっていた。タキミチャルメルソウやノハナショウブなどの植物、ハヤブサ、カスミサンショウウオ、ナゴヤダルマガエル、ホトケドジョウなどの貴重な生物が棲息していることが確認できていたので、工事が着工される1年前から、貴重な生きものを残す「ビオトープ作り」の必要性を米原市の環境保全課を窓口にして提案してきた。工事の着工はやむを得ないとしても、事前に生きものを安全な場所に移動させることは今日の保全活動の常識だからだ。

その提案に応える形で、2回にわたって行政との関係者会議がセンターで開催され、ビオトープ作りによって生きものの保全対策を推進する話し合いができた。その後、センターでは環境アセスメント調査（２０１１年秋から1年間）が本格的に実施された。その報告資料に目を通すと、千石谷がどんなに生態系の豊かな所であるかが良くわかる。

この報告書によると、植物６６９種類（重要種8種類）、ほ乳類17種類（以下同４）、鳥類74種類（28）、は虫類10種類（７）、両生類12種類（11）、魚類21種類（11）、昆虫７１１種類（13）、クモ類74種類（２）、低生動物１６９種類（７）と、実に１８００種類近い生物が生態系を形成していることが分かる。

これを知って、なんとしても保全しなくてはならないと思った私たちは、次のような提案をした。それは、生きものの生命線である最上流の谷川の水を切らさないようにし、その下の水田約1反に生きものの楽園となるビオトープをつくるというものだ。また、こうした作業には行政と住民が協力することが大切であることも提言した。

消えた生きもの

しかし、残念なことにこの提案は生かされず、生きものを無視した形で工事は推進された。子どもたちの参加を得て、新しいビオトープに生きものを移動させる取り組みを夢見ていた私の思いは、いとも簡単に壊されてしまったのだ。その経緯は次の通りである。

①2013年5月27日、千石谷の環境保全についてどの程度の書類が届いているのかを確認するため、県の自然環境保全課を訪問。ところが関係者は、その話は初めて聞くとのこと。あまりのことに私は驚き、あきれてしまった。今まで数多く県の環境保全関係事業に関わってきたが、まさか市の行政担当者がこれほどいい加減な対応だった例は知らないからだ。

②翌28日、県は「自然環境保全協定」を提出するようセンターに連絡。（こうした大きな工事を行うには、事前に県と協議することになっている。し

ていなかったのは担当者の大きな失態である）
③6月10日、センターは工事を開始。（県との環境保全協定を結ばずに着工するのは条例違反となる）
④6月25日、センターは急いで作成した「自然環境保全協定書」を県に提出。その日の午後、県の担当者が確認のために千石谷を訪れると、放棄水田の開発工事がすでに始まっており、県は、すぐに工事を中止するよう口頭で指示した。
⑤7月12日、センターが工事を中止しないので、県は文書で工事の中止命令を出した。このことはマスコミによって報道された。
⑥7月24日、県は千石谷における貴重種の保全協定の実態を確認するために現地確認を行う。
⑦7月29日、「自然環境保全協定」が結ばれ工事を正式に推進することとなる。
以上の経緯から分かるように、千石谷に生息していた数万のメダカやホトケドジョウなどおびただしい生きものは、ほとんど土の中に埋められてしまった。

また、センターが考えたビオトープとは、生きものの住み家を新たにつくるのではなく、山裾の谷間の小さな一角を残すというものだった。今、維持管理が大変難しい狭い場所で、わずかに残されたカスミサンショウウオやナ

夏のビオトープ自然観察会（2016年8月）

ゴヤダルマガエル、ホトケドジョウがひっそりと生き延びている。
こんな残念な結果になった理由は、関係者の認識不足に尽きるだろう。当時の行政の担当者の中に一人でも真剣に生きもののことを考え、新しいビオトープづくりに尽力する人がいたならばと残念に思う。関係機関の連携不足もあっただろう。二度とこんなことを繰り返さないよう、行政も議会も、環境保全の対応をしっかりやってほしいと願う。

やっと動き出した 新しいビオトープづくり

一般廃棄物最終処分場「ウイングプラザ」は、２０１５年4月に完成した。その後、ビオトープゾーンの維持管理について協力依頼があった。わずかな生きものであれ保護すべきことには変わりなく、地元の仲間や長浜バイオ大学の先生や学生、米原高等学校生物部の生徒、地元番場の方々などの協力を得ながら、行政と協力して保全活動に関わり、以下の事を進めている。
①メダカの引越し大作戦（２０１６年6月12日）
②夏のビオトープ観察会（２０１６年８月28日）
③初夏の自然観察会（２０１７年6月11日）
残されたビオトープ空間はわずかだが、この施設の周辺一帯を保全するつもりで生態系保全に取り組んでいくのが良いと考えている。

初夏の自然観察会（2017年6月）

＊1「湖北広域行政事務センター」
昭和40年に長浜市と旧坂田郡、旧東浅井郡によって湖北広域衛生組合を設立。昭和54年、現在の名称に変更。現在は長浜市と米原市によって構成される。

《参考資料》
『千石谷（米原市番場）の自然環境とビオトープ計画について』（滋賀ビオトープ研究会発表資料　2013年3月　村上宣雄・泉良之）
『千石谷の環境調査資料　2012年11月』（湖北広域行政事務センター）

初出『み～な132号』2017年8月

ビオトープの維持管理と撹乱について

生物の棲んでいる場所を一般にビオトープというのであるが、今では多くの人がそれを理解してきている。家の庭に花が植えてあり虫がいれば立派なビオトープであるし、大きな湖全体に大変な数の生物が棲んでいるびわ湖もビオトープである。長浜市と湖北町にまたがる湖岸沿いの「早崎内湖干拓地」は、水田に水を張って、どのような生きものが増えてくるかを実験的に調べている場所であり、これもまさにビオトープそのものである。

さて、開発によって随分自然を壊してきた私たちは、環境保全の必要性に目覚め、さかんに「保全」の言葉を使うようになった。たいへん結構なことではあるが、保全の意味には大きな幅があることを忘れてはいけない。手を加えないでそのままにしておく、いわゆる放置しておけばよいという考え方は大きな誤りである。

今回はビオトープの維持管理について述べたい。特に本県で取り組みが進められてきた学校ビオトープや、放棄水田等を利用した地域のビオトープづくりを始めようという人にはぜひ知っておいてほしい。このことは、自然界の生態系を正しく理解する一歩になると考えている。

ビオトープの3つの型と人のかかわりについて

ビオトープには「保全型」「復元・再生型」「創造型」の3つがある。

「保全型」とは、生態系が安定しており、そのまま手を加えない方が生きものにとって良いケースである。たとえば奥山のブナ林、石山寺や近江神宮のシイやカシの茂る社寺林などがその例で、こうした場所は、木を切るなどの手を加えると、生態系が壊れ、森林も破壊されていく。

「復元・再生型」は、今まであった自然を壊してしまったので、元に戻そうとするケースである。先に述べた早崎内湖干拓地はその一例で、内湖を壊して水田にしてしまったものを、また元の内湖に戻そうとする取り組みである。

また、里山といわれる村の裏山は、かつていつでも人が入って木を切ったり落ち葉かきをしたりと手を加え続けてきた場所であるが、数十年間放置すると元の姿を失い、植物も昆虫も消えた単純な山になってしまう。これではいけないと、今、あちらこちらで里山再生事業が盛んである。それがうまくいって高い評価を得ている事例の一つが、西浅井町にある「山門水源の森」である。手を加えて10年が経過するが、多様な生物の里山によみがえり、多くのハイカーを楽しませている。

適切な手入れが行われている西浅井中学校中庭の学校ビオトープ

伊吹山のお花畑でも、樹木が生えて可憐な花がどんどん減っていくので、再生事業がスタートしている。自然界には手を加え続けないと豊かな自然環境が維持できない場所もあるということである。

最後の「創造型」のビオトープは、今までなかった所に新しく生物のいる空間を造ろうというものである。敷地の片隅に穴を掘り、水を入れて池を造る学校ビオトープが流行しているが、それがこの型にあてはまる。そこには生きものも入れるので維持管理がなかなか難しい。立派に造られた学校ビオトープも、数年間放置されると、生きものが増えるより消えてしまうケースが多い。

これら3つの型のなかで、「復元・再生型」と「創造型」については定期的な手入れ（撹乱）が必要であり、それを怠るとビオトープ空間でなくなってしまう。そうならないよう、定期的な手入れ（撹乱）とモニタリング調査が必要である。

メダカ池でメダカが増えなかったわけ

以前勤めていた西浅井中学校の中庭にビオトープを造ったのは1999年のことだった。水の流れない止水型のビオトープで、常に水は美しく、メダカを中心とした生きものの棲む池である。2008年夏、6年ぶりに池の大

500匹近く見つかったメダカ

泥んこになってヘドロを掻き出す作業が続いた

掃除をした結果を報告する。
8時からの作業は、11時頃までかかる大規模なものになった。一番困ったのは、池の底に溜まったヘドロで、みんながバケツリレーで対応した。服も顔も泥だらけの作業であったが、保護者も童心にかえって楽しい時間が過ぎた。作業行程は次の通りである。
①池の中の土（ヘドロ）をすべて上げる。
②生きものを捕獲し調べる。
③繁茂した水草を引き抜く（半分以上引き抜いた）。
④池の底をブラシで洗い、水道水を入れる。
⑤ドンコとアメリカザリガニを除き、生きものは池に戻す。
見つかった生きものの数は次のような結果であった。

メダカ――――480匹
フナ――――――2匹
ドンコ―――――62匹
アメリカザリガニ―1匹
セタシジミ―――2匹
マルタニシ――――3匹
ヤゴ――――――7匹

ドンコ62匹には驚いた。大きなものは15㎝もあり、6年間大量のメダカを

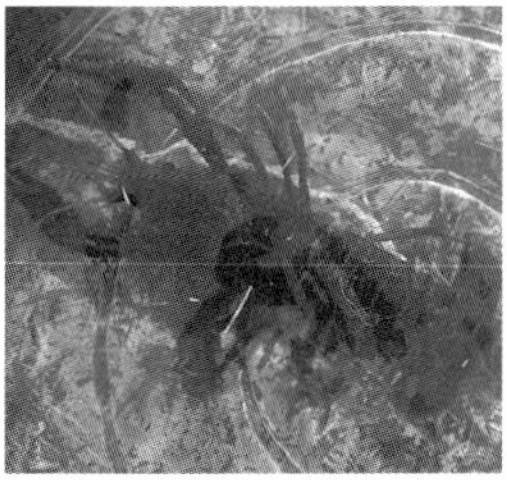

アメリカザリガニは1匹

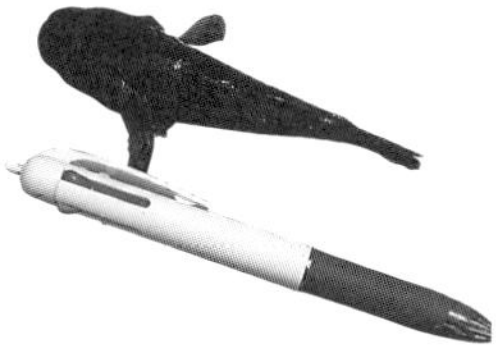

62匹もいたドンコのなかには、こんな大きな個体も

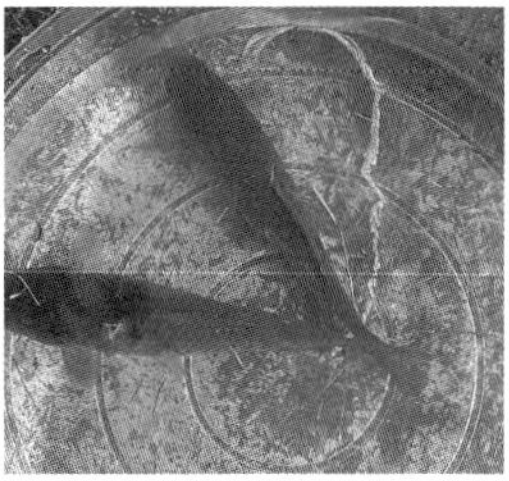

15㎝ほどに成長したフナが2匹

食べて生き続け、繁殖を繰り返していたことがわかる。ドンコがどうして池に入ってきたかについては定かでない。数cm程度の小さな個体が、小魚に混入して川の泥や砂と一緒に入ってきた可能性が高い。

　メダカは約５００匹が確認できたが、ドンコやアメリカザリガニに食べられたものも多く、ドンコがいなければ数千〜数万匹になっていた可能性もある。

攪乱の必要性

　この結果を見て、もっと早く手入れ（攪乱作業）をしておけばよかったと考えている。今後は多様な生物の空間にしていくために、フナ、モツゴ、カワムツ、アブラボテなどタナゴの仲間などを放して、豊かな生態系のビオトープの池になるように見守っていきたいと考えている。攪乱をしない早崎内湖のビオトープの生きものは、最初の3年間は増え続けたが、4年目からは減り続けており、攪乱の必要性を証明している。

初出『み〜な102号』２００９年３月

終章　核のごみを考える

高レベル放射性廃棄物最終処分場誘致問題から学んだこと

集まった2万人の署名

2週間で住民の過半数が反対署名

余呉町の畑野町長（当時）が、核の高レベル放射性廃棄物最終処分場の誘致に手を挙げたことに端を発した問題は、結局私たち住民が起こした誘致反対の署名運動によって終焉を迎えた。この問題が発生したのが2006年8月末であり、畑野町長の誘致断念の表明は12月6日であるから、約3ケ月の間、余呉町は核のごみ問題で揺れ続けた。

私は、長い間自然環境の保全活動や環境教育の推進に力をいれてきたつもりであるが、原子力発電所から出てくる核のごみの恐ろしさについては、漠然とした認識しか持たず、近くに敦賀の原子力発電所があっても、あまり気にしていなかった。

「余呉の明日を考える会」でこの問題についての勉強会を開催し、核のごみがどんなに恐ろしいものであるかを知ることができた。それからすぐにホームページを開設して、リンク集のなかに核のごみについて学習できるサイトを設けた。

町長サイドと原子力発電環境整備機構(NUMO)による一方的な住民説明会が次々と開催されていく中、止める方法は署名以外にないとの判断で、私たちは急遽署名運動を始めることにした。1日でチラシを作成し、11月9日、新聞折込みによって余呉町の全住民に署名の必要性を訴えた。署名用紙は、またたく間に人の手から手へと渡り、署名を集める人の数も草の根運動としてどんどん増え、たった2週間で住民の過半数を超える2114名の署名が集まった。一方、ホームページから署名用紙をダウンロードするシステムも全国に広がり、結局、最終的に署名は2万人を超えてしまった。これには私も大変驚いた。

高レベル放射性廃棄物とは何か

原子力発電所で使い終わったウラン燃料は、化学薬品に溶かして、ウランとプルトニュウムを取り出す。その後に残った廃液は桁違いに放射性が強く、

「高レベル放射性廃棄物」と呼ばれる。これが 核のごみで、これらはガラスとともに固めて金属容器に入れ、「ガラス固化体」にする。ガラス固化体1本には、広島原子爆弾30個分の放射能がつまっていて、人が近づくと数十秒で死に到る。日本の原子力発電所一ヶ所で、1年間に広島原爆の1000発分相当の核のごみが発生している。この中には、いろいろな放射性物質が含まれており、放射能が消えるまでに100万年近い年月を要するものもある。表面温度は摂氏300度で、50年経過しても100度を下らないといわれている。

核のごみの後始末はどうするの

このガラス固化体は、大半が青森県の六ヶ所村に運ばれて、一時貯蔵されている。全国の原子力発電所から運ばれてくるので、大変な量がたまっていく。六ヶ所村は一時貯蔵場所であり、国は安全な方法で最終処分をする必要に迫られている。しかし、現在の段階では、世界中をみわたしても、安全な処分方法が確立されていないのが現状である。

これからどうするのか

国際的な原子力機関では、地中に埋め捨てる「地層処分」が最もよい方法としているが、数十万年もの間放射能を出し続けるガラス固化体を、安全に埋めることが可能か、各国とも取り組みは困難をきわめている。

日本では2000年に地下300mより深くに埋め捨てることが法律で決まり、NUMOがすべての事業を推進することとなっている。地下に、100～300㎞もの長さのトンネルを作って、そこに4万本のガラス固化体を埋めるわけで、工事完了までに100年近くかかる大規模な公共事業である。

今回私たちが畑野前町長の誘致方針に反対したのは、淀川の源流において、こんな危険なものを誘致すれば、びわ湖への影響も含めて大変なことになり、協力金として膨大な資金が町に入るとしても、住民の命には代えられないと考えたからである。

核のごみ問題がほとんど論議されないのはなぜか

廃棄物である核のごみは、大気汚染・土壌汚染・水質汚染という極めて深刻な環境問題を引き起こす。しかしこの問題が、今まで環境教育の中に正しく位置づけられていなかったために、真剣に論じられることはなかった。直接の管轄が環境庁や文科省にないことは、大きな問題点である。

今、毎日大量に放出される核のごみをどうすべきかについて、国民的な論

「余呉の明日を考える会」勉強会の様子

議が必要となっている。今回のような地層処分が安全であるというＮＵＭＯの説明だけでは、人々の納得を得ることは難しい。中身もわからないまま、反対か賛成の2者選択で決めるのは極めてよくないことなのである。

原子力事業の難しい現状を正しく住民に説明し、原子力に頼らないエネルギー政策や、節電による核のごみ減少運動などを推進していくことが必要である。

核のごみの処分については、国民的な課題として、叡智を集めて答えを出さねばならない。問題点を明らかにすることなく、過疎地等に犠牲を強いる現在のやり方は、次の世代に大きなツケを残すこととなり、絶対にやってはいけないことだと私は考えている。

メモ

国はどの自治体からも手が挙がらないので、最終処分地の候補地を国で決めることにしたが、現実には何も進んでいない。

初出『み～な94号』２００７年2月

著者肖像画　（画・藤腹守男）

おわりに

藤本秀弘

村上宣雄君の遺稿が出版されることになり、そのあとがきを書くようにと、ご家族から依頼があった。

君が亡くなって早くも一年余が経過した。そう言えばこの一年「藤本《ふじも》っつぁん、ご苦労さん。ちょっと相談なんやぁ」で始まる君からの電話がかかってこなかった。

村上宣雄君とは六十年の付き合いであった。大学に入ったとき偶然研究室（彼が生物研究室・私が地学研究室）が同じ建物内にあったことから、日々顔を合わせることが多かったものの三回生頃までは、それほど親密な仲でも無く、互いに儀礼的な挨拶を交わす程度であった。三回生で私は田上山の花崗岩を卒論のテーマとしていたが、交通の便が悪く難儀していた。そんなとき村上君が単車を大学に置いていたので、度々その単車を借りてフィールドへ通った。

彼と一対一で本格的につきあいだしたのは卒業後で、ともに研究のフィールドが滋賀県内であるということ、教師という仕事と調査を両立させるという共通点があったからである。休日は殆どフィールドで過ごすという生活スタイルも共通していた。

そんななかで私は、大学の同じ研究室のＯＢを中心に滋賀地学研究会を立ち上げ、仲間とともに県内の地質調査に明け暮れた。その頃彼は、滋賀県立短期大学の小林圭介先生の研究室に内地留学し、県下の植物調査に参加していた。一九七五年、小林先生が中心になり村上君と同じ内地留学した同僚や大学の先生、滋賀県職員とで滋賀自然環境研究会を立ち上げた。当時、県下の小中学校教員の多くが入会し、活発な調査・研究を展開し、滋賀県の環境教育の芽生えの時期となった。

この研究会への関わりが、彼の出発点でもあり、一生を貫く調査・研究・教育・啓発の道を切り開いたのだろうと思う。

いま彼が病床であえぎながらまとめた本書を読むと、彼の自然環境（多種多様な）に対する着眼点とそれに対する行動力の凄さに加えて、人の繋がりの構築に改めて心を動かされる。

山門水源の森のガイド（2001年6月10日）

彼を今一口で紹介するとしたら、私は「組織づくりの達人」と表したい。晩年までに彼が立ち上げたり、所属した団体は数知れない。そうした組織や団体は短命なものもあったが、滋賀県の自然環境、なかでも教育界ではかけがえのない一人であったと思われる。思われると書いたのは、彼は滋賀県、私は京都が職場であったため、滋賀県の教育界の状況はつかみ切れていないためである。

そんな彼の組織づくりの一端が垣間見える事例を紹介することにする。

滋賀自然環境研究会は、生物の研究者はもとより教育現場

やまかど・森の楽舎付属湿地のオオミズゴケ植栽
(2004年3月28日)

の教員が多く参加しており、毎月一回の例会を開催していた。例会では、県内の各地で調査をするなかでの知見を発表し討論を繰り返すという活発なものであった。

あるとき小林先生から「生物と地質とは密接な関係があるので、例会で滋賀県の地質について話をして欲しい」との連絡があった。これには多分村上君が一枚噛んでいたのだろうと思っている。私と小林先生とは全く面識がなかったのだから。例会の後、この会に入会するようにとのことだったが、生物中心の会ということでその場では返答を保留した。しかし、その後滋賀自然環境研究会というなら、多様な自然環境に関わっているメンバーで構成されている方がいいと勧められ入会した。この会は一般市民対象の自然観察会も実施していた。その観察会の指導者や開催する諸団体向けに、観察会の意義や方法の解説書を研究会の主要メンバーが集まり、何度もの編集会議を行い刊行した。その中心にはいつも村上君がいた。こうした県内の動きとは別に、日本自然保護協会は、一九七八年を皮切りに、自然観察指導者養成講座を全国で実施していた。研究会の動きと日本自然保護協会の動きが同調したことと、滋賀県の環境重視政策もあり、滋賀県と日本自然保護協会主催の自然保護指導員講習会が、滋賀県を会場に何度も開催された。その結果、指導員資格を有する者が滋賀県内で一〇〇名を超すこととなり、滋賀自然観察指導者連絡会が組織された。この組織も村上君の発案であった。その後県内を幾つかのブロックに分け、それぞれの地域で頻繁に自然観察会が実施された。

これらの経験を踏まえ、日本自然保護協会・滋賀自然観察指導者連絡会主催で一九八五年に「自然観察指導者全国大会・滋賀大会」が開催されることとなった。これには二年間の準備期間を要し、村上君は協会や県との各種調整に奔走してくれた。一方で度々の実行委員会や記念出版「カード式 自然観察のとも」の編集委員会など、県内各地での宿泊を伴う会議にも殆ど顔を出してくれた。

その結果二日間にわたる大会には、文字通り沖縄から北海道までの全国の自然観察指導員二五〇名が集まり、観察会と環境保全についての熱い討論が行われた。この大会のまとめとして幾つかの課題が提起されたが、その最後に「自然保護運動の道はまだまだ遠く険しいが、二一世紀に生きる人々により良い自然環境を伝えるために、今後ますます自然観察運動を質、量ともに高める」ことを誓い合った。

この大会が企画から終了まで順調に進められたのは、滋賀県の担当者の協力は言うまでも無いが、村上君の発想・企画力・他団体との連携の取り方に負うところが大きかった。

もう一例として彼が晩年に取り組んだ長浜市木之本町古橋の大谷川のオオサンショウウオの保全に取り組んだ時の経過を述べておこう。

滋賀県は大谷川上流に砂防ダム（堰堤）の計画を進めていた段階の二〇〇二年、村人によってオオサンショウウオ（国の天然記念物）が発見された。そのため工事に先駆けて、滋賀県生物環境アドバイザー制度の対象となった。このアドバイザー要員として村上君と私も他のアドバイザーとと

西浅井町主催山門水源の森観察会（2005年5月11日）

もに参加した。オオサンショウウオの保全にどのような工法が適しているのか、工事中の注意点は何かについて検討し、県に提案した。

その結果を踏まえて工事が実施された。工事後もオオサンショウウオの新たな個体が次々と見つかりアドバイスの成果があったと喜び合ったものである。

その後、彼は地域の人々と保護活動を続けると同時に、大学の研究者に協力を求め、見つかった個体の識別を進めた。一方で行政や日本各地のオオサンショウウオの保護団体と関係を深め、二〇一八年に「第一五回日本オオサンショウウオの会　長浜大会」（全国大会）の開催にこぎつけた。この時も自然観察指導者全国大会同様日本各地をかけめぐる彼の行動力が大会の成功に繋がった。

ここにあげた二例は、彼の果たしてきた功績のほんの一部であり、本書に書いている事例すらもまた一部である。その取り組みに関わられた関係者には、彼の一本気なところからご迷惑をおかけしたことも多々あっただろうと推察するが、そのことで物事が動いたということもあり、ご理解頂けるのではないかと感じている。

本書は、これから自然のことを勉強してみたい、環境問題に取り組みたいと思っておられる方々にとって多くのサジェストが得られると思います。その上で次の世代の皆さんが、気候温暖化をはじめとする多難な環境問題に立ち向かって頂ければと思います。

最後に彼の葬儀で述べた弔辞を再録することで、責務を終えたいと思います。

弔辞

「藤本《ふじも》っつぁん、ご苦労さん。今なあ、本をつくっているんや。それで頼みがあるんやけど山門のササユリの写真を送って欲しいんや。白黒しかないので欲しいシーンのリストをメールで送るから……」と山門水源の森で作業中に電話があったのが二月十一日でした。その夜、彼が希望した写真を五枚送りました。今ここに告別のためお集まり頂いているかなりの方が「○○さん、ご苦労さん」のフレーズから始まる彼の頼み事に四苦八苦されたことだろうと推察しています。この彼の私への最後の頼みは、彼が七六回にもわたって連載してきた雑誌「長浜み〜な」の『やさしいネイチャーウォッチング』を一冊にして刊行することだったようです。ご子息に聞けば、亡くなる一週間前に校正を終えたようです。弱り切った体で、やりきった彼の底力にはただただ驚嘆するばかりです。

ところで村上君、君との付き合いは、大学時代から優に五十年余が経ちました。私は、君が専攻していた生物が何より苦手で、よくも大の男が植物の葉の裏に毛があるから何々で、無いから何々と言っている君は理解しがたい存在でした。それは今も変わりなく、君と出会ってからも生物のことが判らず終いで今日に至っています。君も私が専攻した地質については、最後まで理解できず終いだったのではと思っています。そんな君と最初にやったのが、一九七三年、共立出版の月刊誌『科学の実験』に「自然保護教育への一提案―危機せまる自然破壊―」への投稿でした。

当時二人とも県立公園学術調査員として、県内の自然調査にあたっていました。そんななかで日に日に進む自然破壊に心痛めることとなり、学校教育のなかで、今で言う「環境教育」に関心を持つようになり、個々にいろいろな取り組みをやったものです。

ところが君の次から次へと各種の「環境グループ」との繋がりをつくってゆく感覚にはついていけるものではありませんでした。ことある毎に「今度〇〇会」を立ち上げるので、おまえも入るようにと声をかけてくれましたが、その殆どには加わることはありませんでした。

その理由はとても多種多様なグループとの関係を君のようにうまく築けない自分がいたからです。多くの調査を一緒にやりながらも、君の考え方には、とてもついて行けないと感じることがあったからです。

逆に私からの働きかけに君が同調できなかったのも、私が感じたと同じように、一寸違うと感じていたのだろうと今は思います。

とは言いつつも、日本自然保護協会の自然保護指導者全国大会や山門水源の森を次の世代に引き継ぐ会立ち上げ時には、喧々諤々の議論をして同一歩調で動いたものです。

それにしてもまあお互いよく飲みましたね。その議論の行き着く先は、いつも「私たちの時代は良かった」でお開きになり、布団に横たわるなり轟音の君のイビキに襲われたのも今となっては懐かしい日々でした。教育現場でも、やりたいことが出来た時代でした。それを認めてくれる社会でもありました。また私たちを周りから支援して頂いた大学の先生方や研究者、意見を取り入れてくれた行政の方々にも恵まれていたと感謝し合ったものですね。

君は、やりたいことをやり尽くして逝ってしまったけれども、私は君の後追いだけれども未だ一寸やり残していることがあるので、君の側に行くのに一寸時間をもらいます。一升瓶が無くなったらメールして下さい。

これで君の遺言の私に弔辞をとの責を果たしたことにします。

著者略歴

村 上 宣 雄（むらかみ・のぶお）

1942年～ 2020年。滋賀県の中学校理科教員として38年間勤務。生涯を通じて数多くの自然観察会を企画し、人々に自然の素晴らしさを案内し、自然保護・自然再生の大切さを訴えた。研究仲間の輪を広げ、組織を育て、精力的に活動を推進した。主な活動組織は下記の通り。

滋賀の理科教材研究委員会、山門水源の森を次の世代に引き継ぐ会、滋賀自然観察指導者連絡会、滋賀自然環境研究会、滋賀環境教育研究グループ、自然環境復元協会、日本ビオトープ協会、滋賀ビオトープ研究会、滋賀のオオサンショウウオを守る会、奥びわ湖観光ボランティアガイド協会など。

やさしいネイチャーウォッチング

—自然を守り育てる仲間たち—

2022年 2 月28日　初版第 1 刷発行

著　者　　村 上 宣 雄

発行者　　岩 根 順 子

発行所　　サンライズ出版株式会社

〒522-0004　滋賀県彦根市鳥居本町655-1

TEL　0749-22-0627　FAX　0749-23-7720

印　刷　　株式会社シナノパブリッシングプレス

ISBN978-4-88325-750-8 C0040